F. E. Geinitz

Die Eiszeit

Auxo

F. E. Geinitz

Die Eiszeit

ISBN/EAN: 9783956222153

Auflage: 1

Erscheinungsjahr: 2014

Erscheinungsort: Worpswede, Deutschland

Auxo

DIE WISSENSCHAFT

SAMMLUNG
NATURWISSENSCHAFTLICHER UND MATHEMATISCHER
MONOGRAPHIEN

SECHZEHNTES HEFT

DIE EISZEIT

VON

Dr. F. E. GEINITZ
O. PROFESSOR AN DER UNIVERSITÄT ROSTOCK

MIT 25 ABBILDUNGEN IM TEXT, 3 FARBIGEN TAFELN
UND EINER TABELLE

BRAUNSCHWEIG
DRUCK UND VERLAG VON FRIEDRICH VIEWEG UND SOHN
1906

DIE EISZEIT

VON

DR. F. E. GEINITZ

O. PROFESSOR AN DER UNIVERSITÄT ROSTOCK

MIT 25 ABBILDUNGEN IM TEXT, 3 FARBIGEN TAFELN
UND EINER TABELLE

VORWORT.

Der Aufforderung, für die Sammlung wissenschaftlicher Monographien eine Bearbeitung der Eiszeit nach den neueren Forschungen zu übernehmen, bin ich gern nachgekommen. Haben doch die Untersuchungen über die Eiszeit mehr und mehr das Interesse auch der weitesten Kreise auf sich gezogen. Eine große Zahl von Hypothesen ist aufgestellt worden, um die Ursache jener eigentümlichen Erscheinung zu erklären; lebhaft wurde die Frage erörtert, ob die Eiszeit als ein einheitliches geologisches Phänomen aufzufassen sei oder ob in der Quartärepoche mehrere selbständige Eiszeiten kalten Klimas auftraten, zwischen denen in langen Interglazialzeiten die heutigen klimatischen Verhältnisse wieder eingesetzt haben, der Streit zwischen Monoglazialismus und Polyglazialismus ist noch nicht beendet; wir sehen weiter, daß ein großer Teil der Erde seine Oberflächengestaltung den Einflüssen der Eiszeit verdankt und daß auch der Mensch mit seinen Siedelungsanlagen stark von ihren Hinterlassenschaften beeinflußt ist; endlich haben auch die Forschungen über das erste Auftreten des Menschen zur Eiszeit ein näheres Verständnis des Wesens und der Gliederung jener Epoche dringend wünschenswert erscheinen lassen.

Die nachfolgenden Zeilen sind zum Teil ein Auszug aus der größeren Arbeit des Verfassers über das Quartär Nordeuropas, boten ihm aber des weiteren willkommene Gelegenheit, auch die Literaturauszüge auf die übrigen Teile der Erde auszudehnen. Von einer ausführlichen Literaturangabe mußte hier abgesehen werden; als Grundlagen wurden von den größeren Werken folgende benutzt:

E. Geinitz, Das Quartär Nordeuropas (Lethaea geognostica, III, 2). Stuttgart, Schweizerbart, 1904.

J. Geikie, The great Ice-Age. 3. Aufl. London 1894.

A. Penck u. E. Brückner, Die Alpen im Eiszeitalter. Leipzig, Tauchnitz, 1901—1906 (soweit erschienen).

G. F. Wright, The Ice-Age in North America. 4. Edit. New York 1905.

Wenn manche Arbeiten nicht berücksichtigt sind, so bitte ich dies wegen der großen Verstreutheit der umfangreichen Literatur zu entschuldigen. Auch konnten manche der neuesten Arbeiten, die während des Druckes erschienen, leider nicht mehr aufgenommen werden. Das Manuskript der Arbeit ist Anfang April d. J. abgeschlossen worden.

Für gefällige Überlassung einiger Abbildungen und Karten sei den betreffenden Herren Autoren bzw. Verlegern bestens gedankt.

Rostock, im September 1906.

F. E. Geinitz.

INHALTSVERZEICHNIS.

Seite

Seite

VII. Die Eiszeit auf den übrigen Kontinenten.

Die Eiszeit.

Einführung.

In der geologischen Chronologie lassen wir auf die Tertiärformation das **Quartär** folgen, mit der noch vielfach üblichen Unterabteilung in **Diluvium** und **Alluvium**[1]), welch letzteres in die Gegenwart hinüberführt.

In bezug auf Zeitdauer und Wertigkeit ist das Quartär nicht mit der ganzen Tertiärformation zu messen, wir dürfen vielmehr wohl behaupten, daß das Quartär nur einem Teil des Tertiärs in dieser Hinsicht entspricht; in diesem Sinne wird auch der Name „Pleistocän" benutzt, welcher an die vier Abteilungen des Tertiärs, Eocän, Oligocän, Miocän und Pliocän anschließt. In manchen Gegenden scheint auch die Grenze zwischen Tertiär und Quartär nicht scharf, die Frage, ob eine Ablagerung als pliocän oder quartär zu bezeichnen, nicht sicher entscheidbar. (Das Fehlen pliocäner Ablagerungen in manchen Gegenden würde vielleicht durch das Einsetzen der präglazialen Bildungen ausgeglichen werden können.) An der Grenze beider Zeiten (bzw. auch schon vor derselben) liegen bedeutende Landverschiebungen bzw. -schwankungen, liegt die Veränderung der Fauna und Flora, liegt endlich das erste Auftreten des Menschen.

Vom diluvialen **Menschen**, dem Menschen der Steinzeit, sind zahlreiche Spuren vorhanden; seine Entwickelung wird bekanntlich in drei Zeitalter, das eolithische, paläolithische und neolithische, gegliedert. Gerade in neuester Zeit ist das Interesse für diese prähistorische Forschung in erhöhtem Maße gestiegen; wir müssen es uns

---

[1]) Die Bezeichnung Diluvium (latein. = Sintflut) entspricht der alten Auffassung, wonach unser „Schwemmland" von einer großen Meeresbedeckung abgelagert sei; Alluvium bedeutet die jüngeren Zusammenschwemmungsmassen.

aber versagen, näher auf das Thema einzugehen und möchten nur auf zwei zusammenfassende Werke hinweisen: Hörnes, Der diluviale Mensch in Europa, Braunschweig 1903, und Reinhardt, Der Mensch zur Eiszeit in Europa, München 1906. Vielfach macht sich in den prähistorischen Arbeiten der zu enge Anschluß an noch nicht geklärte Auffassungen bezüglich des Alters der betreffenden Ablagerungen störend bemerkbar (s. u.).

Fauna und Flora des Quartärs.

Die Fauna und Flora des Quartärs zeigt deutliche Spuren vielfacher Wanderungen. Die Abstammung der verschiedenen Elemente der Quartärfauna verweist auf das südliche oder mediterrane Europa, Nordafrika, Südrußland und das östliche Asien; es mischen sich hier im wesentlichen eine südliche, aus der pliocänen Fauna hervorgegangene Gruppe und eine wahrscheinlich vom Pol her eingewanderte nördliche. Die Säugetierfauna des nordeuropäischen Diluviums besteht aus recht heterogenen Elementen[1]):

1. Der größte Teil lebt heute noch in den Tiefländern der gemäßigten Zone; es sind:

   Pferd, Hirsch, Elch, Reh, Damwild, Bison, Urstier (Bos primigenius, im wilden Zustande erst in historischer Zeit ausgestorben), Biber, Hase, Bär, Wolf, Fuchs, Wildkatze, Wildschwein.

2. Andere leben in den mittleren und hohen Regionen der Hochgebirge:

   Gemse, Steinbock, Bezoarziege, Murmeltier, Schneehuhn, Schneehase.

3. Verhältnismäßig wenige Tiere der eigentlichen Eiszeit weisen nach Osten:

   Saiga-Antilope, Spermophilus citillus, Alactaga saliens (Pferdespringer).

4. Zahlreichere Formen weisen auf hochnordische und subarktische Gebiete:

   Moschusochse, Renntier, Halsbandlemming, Alactaga, Eisfuchs, Vielfraß, Schneeeule, Schneehuhn, Schneehase, zum Teil auch einige Cetaceen. Hierzu sind vielleicht auch die durch dichtes Wollhaar und Mähne geschützten Riesentiere: Mammut, Rhinoceros tichorhinus, sowie Bison priscus zu rechnen, deren Nahrung in Kiefern und Weiden bestand.

---

[1]) Eingehend behandelt von Frech in: Geinitz, Das Quartär Nordeuropas. Lethaea geognostica, III, 2. Stuttgart 1904.

5. Nur scheinbar tropisch oder subtropisch sind die großen Raubtiere, deren Verbreitung nicht durch das Klima, sondern durch das Vorkommen und die Reichlichkeit ihrer Beute bedingt war:

Höhlenlöwe, Höhlenhyäne, Tiger; bemerkenswert ist auch das Vorkommen eines echten Büffels. Wirklich tropisch ist nur das Flußpferd, das jedoch auf den Westen und Südwesten Europas beschränkt war.

6. Ausgestorben sind außer den unter genannten großen Dickhäutern und Huftieren: Höhlenbär, Riesenhirsch.

Eine zeitliche Gliederung der Quartärfauna ist nicht sonderlich scharf durchzuführen.

Von Bedeutung ist eine Reihenfolge des Auftretens der Elefantenspezies, nämlich: 1. Elephas meridionalis (oberpliocän), 2. E. antiquus, 3. E. trogontherii und 4. E. primigenius (Mammut).

Man bezeichnet in Europa denjenigen Zeitabschnitt, in welchem die klimatischen Verhältnisse den gegenwärtigen entsprachen (zum Teil noch mit einer geringen Neigung zu milderem Klima), als Altquartär und zieht damit die obere Grenze gegen das Tertiär.

In der postglazialen Entwickelung Mitteleuropas glaubt Nehring drei Abschnitte zu erkennen: 1. älteste Phase der Lemminge oder der Tundren, 2. Phase des Pferdespringers, Steppenfauna, 3. Phase des Eichhörnchens, Waldfauna.

Die (marine und Binnen-) Molluskenfauna (untergeordnet auch Ostrakoden und Foraminiferen) zeigt durchgängig heutige Formen. Ihre Reste erlangen besondere Wichtigkeit, indem sie Aufschluß bieten über klimatische Veränderungen allgemeiner oder lokaler Natur und über Verteilung von Land und Wasser.

Einige Formen haben den Charakter von Leitfossilien erlangt.

Unter den Binnenmollusken ist hervorzuheben die Paludina diluviana, die längere Zeit als Leitfossil für das Unterdiluvium galt; Neumayr hat gezeigt, daß sie nicht ausgestorben, sondern nach dem pontischen Gebiet ausgewandert ist, ebenso wie die Dreissensia polymorpha, welche viel später wieder zurückgewandert ist. Lithoglyphus naticoides, Corbicula fluminalis u. a. deuten in ihren Vorkommnissen vielleicht auf ein damals wärmeres Klima der betreffenden Stelle, Yoldia arctica u. a. weisen auf kältere Bedingungen hin.

Besonders ist es die Flora einzelner Ablagerungen, welche zu Erörterungen über Klimaschwankungen von den Botanikern (denen sich hier ein weites Arbeitsfeld bietet) benutzt worden ist:

Die höheren Pflanzen, wie auch die Moose und Diatomeen, gehören sämtlich zu den noch lebenden Arten. Die Untersuchung der einzelnen Lagerstätten hat über Wanderung und ehemalige Verbreitung der Flora viel Interessantes ergeben. Es scheint auch hierbei der „Kampf um den Raum“ deutlich erkennbar zu sein.

Von hohem Interesse war der Nachweis einer arktischen Flora an allen Orten, welche einst vereist gewesen sind, den wir A. G. Nathorst verdanken [1]). Die charakteristischen Pflanzen dieser Flora sind: Salix polaris, Dryas octopetala, auch Betula nana.

Die in den Torfmooren und anderen Ablagerungen nachgewiesene Altersfolge der Floren wird weiter unten besprochen werden. (Vgl. auch C. A. Weber, Naturw. Wochenschr. 1900.)

Gletscherentwickelung im Quartär.

Die hervorstechendste Eigentümlichkeit der Quartärzeit war die riesenhafte Entwickelung der Gletscher, weshalb auch der größte Teil des Quartärs als Eiszeit oder Eiszeitalter bezeichnet wird. Weite Flächen Landes waren damals unter Eis begraben, in Gebirgen, die heute eisfrei sind, finden sich mehr oder weniger ausgedehnte Gletscherspuren, bis weit in das Vorland schoben sich die Gletscherzungen. Landgebiete unseres heutigen gemäßigten Klimas starrten unter einer Inlandeisdecke, wie man sie heute in Grönland findet. Doch war damals die Erde nicht, wie Agassiz kurze Zeit annahm, von den Polen her von einer einzigen riesigen Eiskalotte überzogen, sondern es war das diluviale Gletscherphänomen, wie A. Penck dargelegt hat, nichts als eine gewaltige Vergrößerung der heutigen Gletscher, groß genug allerdings, um im Norden Amerikas 20 Millionen Quadratkilometer, im Norden Europas (die betreffenden Meeresflächen eingerechnet) $6^1/_2$ Millionen Quadratkilometer unter mächtigem Gletschereis begraben zu können [2]).

---

[1]) Nathorst, Über den gegenwärtigen Standpunkt unserer Kenntnisse von dem Vorkommen fossiler Glazialpflanzen. Bih. sv. Akad. Handl. 1892; und Ymer, 1895, mit Karte.

[2]) Helland berechnet die Eismasse für Europa auf 70 Millionen Cubikkilometer, daselbst 700000 Cubikkilometer Schutt ablagernd.

Verbreitung des quartären Glazialphänomens.

Die Gebiete, in denen wir die Ablagerungen finden, aus denen wir die einstige Verbreitung der Eismassen entnehmen können, sind nach unserer gegenwärtigen Kenntnis folgende [1]):

In Europa tritt uns vor allem das große von Fennoscandia [2]) ausgehende, bis weit in das Herz Deutschlands und Rußlands reichende Areal entgegen.

Seine südlichen Grenzen verlaufen von der Rheinmündung in mehreren zusammenhängenden kleineren und größeren zungenförmigen Einzelbogenteilen entlang der Gehänge der mitteldeutschen Gebirge (rheinisch-westfälisches Schiefergebirge, Harz, Thüringer Wald, Erzgebirge, Lausitzer und Riesengebirge) und weiter am Nordabfalle der Karpathen bis östlich von Krakau. Hier schließt sich am Laufe des Dnjepr eine weit nach Süden (bis 48° 50′) vorspringende Zunge an, auf welche das weit nach Norden rückwärts erstreckte eisfreie Gebiet von Kursk folgt, um einem neuen, sich bis 48° südwärts vorschiebenden Bogen, dem des Don, Platz zu machen. Von da aus verläuft die Grenze in nordnordöstlicher Richtung zum Ural und dem Karischen Busen.

Als zweites, weil selbständiges, Gebiet ist Großbritannien mit den nördlich vorliegenden Inseln zu nennen, in welchem die Glacialia bis zum Themsetale reichen. Packeis erfüllte die Nordsee, soweit sie damals existierte, von England bis zur norwegisch-dänisch-deutschen Küste. Island und die Faröer sind hier anzuschließen.

Das dritte große europäische Glazialgebiet sind die Alpen: Weit in das nördliche und südliche Vorland des Gebirges erstreckte sich die quartäre Vergletscherung, im Osten schwächer als im Westen.

Schwarzwald und Vogesen, Karpathen, Tatra, Kaukasus, Pyrenäen, französisches Mittelgebirge sind weitere kleinere Vergletscherungsgebiete, denen sich noch einige andere, immer unbedeutender, anschließen.

---

[1]) Vgl. die Karte 5 in Berghaus, Physikal. Atlas, 1. Abt., Nr. V.

[2]) Fennoscandia = Skandinavien und Finnland, als geologische Einheit.

Nordamerika ist das bei weitem größte Areal diluvialer Eiszeitablagerungen (die dort „drift" genannt werden).

Die südliche Grenze der Maximalausdehnung des dortigen Inlandeises verläuft von Long Island durch das nördliche New Jersey, weiter in Bogen durch Pennsylvanien über Ohio und Indiana, um nördlich vom Zusammenfluß des Ohio und Mississippi den südlichsten Punkt zu erreichen (39° n. Br.), von da aus nach NW etwa längs des Mississippi und weiter nach dem Ursprungsgebiete des Saskatschewan. Von Interesse ist ein großes eisfreies Gebiet innerhalb dieser gezogenen Grenze im Staate Wisconsin.

In Südamerika sind auch in der heißen Zone Gletscherspuren gefunden, des weiteren waren Chile, Patagonien und Feuerland von riesigen Eismassen bedeckt.

Grönland, Island, Neusibirien und ebenso die Antarktis zeigen gleichfalls Spuren einstiger größerer Gletscherausdehnung.

In Australien und Neuseeland hat man ebenfalls weitgehende Vergletscherung nachgewiesen.

Dagegen ist Asien (abgesehen vom Himalaja) und Afrika auffällig arm an quartären Glazialerscheinungen.

Frühere Eiszeiten.

Die quartäre Eiszeit war in der Entwickelungsgeschichte der Erde kein alleinstehendes Ereignis. Wir wissen, daß schon einmal in der Vorzeit ein ähnliches Phänomen die Erdentwickelung beherrscht hat; am Ende der Steinkohlenzeit finden wir eine „permokarbone Eiszeit" auf dem damaligen großen Kontinent Indo-Australien. Zur selben Zeit scheinen auch in Europa glaziale Bedingungen existiert zu haben, die Konglomerate des Rotliegenden haben eine große Ähnlichkeit mit den diluvialen Schottern. Sogar in den präkambrischen sogenannten Geisaschichten Norwegens sind neuerlich glaziale Geschiebebildungen aufgefunden worden. Nicht unwahrscheinlich ist es, daß auch im Tertiär schon Gletscher existiert haben.

Landverteilung vor der Eiszeit.

Bekanntlich haben in der Tertiärzeit beträchtliche Bewegungen der Erdkruste stattgefunden, welche unsere Hochgebirge schufen und vielfache Verschiebungen von Land und Wasser verursachten. Auch in dieser Beziehung brauchen wir keine scharfe Grenze zwischen Tertiär und Quartär anzunehmen, sondern müssen nach den neueren Forschungen behaupten, daß auch zu Beginn des Quartärs die Verteilung von Festland und Ozean noch nicht die heutige war; weiter haben wir eine Menge Anzeichen von Niveauschwankungen in dem jüngeren Abschnitt des Quartärs, nach der sogenannten Eiszeit, und endlich mehren sich Anzeichen auch für Krustenbewegungen innerhalb der eigentlichen Eiszeit.

So nimmt man eine „Prosarktis" als einstige Landverbindung von Nordeuropa und Amerika an, über Island, Jan Mayen und Grönland; weiter ist nachgewiesen, daß die Küsten des Atlantischen Ozeans in präglazialer Zeit weiter seewärts reichten. Skandinavien muß damals etwa 400 m höher gelegen haben als heute, Schottland lag 90 m höher; auf weite Strecken sind an der englischen und norwegischen Küste präglaziale Täler bekannt, deren Boden bis 60 m tief unter dem Meeresspiegel liegen, und andere Beispiele mehr; wenn wir in Bremen das Diluvium bis zu 236 m Tiefe nachgewiesen haben (bestehend nur aus Sanden und Ton, in den unteren Lagen mit reichen Beimischungen tertiären Materials), so dürfen wir, unter Berücksichtigung des Umstandes, daß dies dortige (an Geschiebemergel freie) Diluvium mit der Talbildung der Weser in Zusammenhang stand, annehmen, daß hier das Land mindestens 200 m höher gelegen haben muß.

Für ein ausgedehntes Land in der jetzigen Nordsee spricht auch das Verhalten der Cromerschichten (s. u.). Auf der großen „Doggerbank" in der Nordsee finden die Fischer häufig Reste von Mammut und Rhinoceros.

Ursache der Eiszeit.

Das Vorhandensein von Gebirgen, von denen hinreichend große Teile über der Schneegrenze liegen, wird allgemein als die Grundbedingung für das Entstehen einer Vergletscherung angenommen; dazu hinreichende Niederschläge, durch ozeanische Winde geliefert.

Mit den Vorstellungen einer Eiszeit hängt gewöhnlich die Annahme eines kälteren Klimas zusammen und man nimmt fast als selbstverständlich an, daß die mittlere Jahrestemperatur etwa um

4° niedriger war als gegenwärtig und infolgedessen die Schneegrenzen niedriger lagen.

Andererseits ist auch behauptet worden, daß zur Bildung einer Eiszeit nicht Kälte, sondern im Gegenteil größere Wärme nötig sei: Dutton führte 1884 aus, der für Bildung ausgedehnter Gletscher notwendig größere Schneefall verlange eine größere Feuchtigkeit der Luft, also eine größere Verdunstung, d. i. ein wärmeres Klima; wenn auch der totale jährliche Schneefall durch ein wärmeres Klima verringert werde, so könne doch in polaren Gegenden und auf Gebirgshöhen auch bei wärmerem Klima ein größerer Schneefall erfolgen.

Ein kurzer Überblick über die wichtigsten der zahlreichen Hypothesen über die Ursache der Eiszeit dürfte vielleicht von Interesse sein. Die einen suchen die Erklärung in kosmischen Vorgängen, die anderen auf der Erde selbst.

a) Unter den kosmischen Theorien nimmt die von Adhémar und Croll die hervorragendste Stelle ein (Präzession der Tag- und Nachtgleichen in etwa 21000jährigen Perioden); auf sie bauen sich weitere auf, doch hat es auch nicht an gewichtigen Einwendungen dagegen gefehlt. Unter Anschluß daran und mit Benutzung der Stockwellschen Formeln führte Hildebrandt aus, daß die Exzentrizität der Erdbahn die Klimate beeinflussen muß: niedere Exzentrizität beschleunigt die Rotation, dadurch stärkere Zentrifugalkraft und Anhäufung der Meere am Äquator, die eine ausgebreitete Verdampfungsfläche darstellen; hierdurch allgemeine Regenperioden, die unter günstigen Bedingungen in Eiszeiten ausarten können.

Andere suchten die für Entstehung der Eiszeit geforderte Temperaturerniedrigung in der Sonne (periodische Sonnenflecken und anderes, Kometenstürze, wegen verschiedener Geschwindigkeiten der Sonne auf ihrer elliptischen Bahn verschiedene Abkühlung der Sonne). Kürzlich meinte Jäkel, die Absonderung eines Ringes und dessen Konzentration zu einem Planeten (z. B. bei Entstehung der Venus und des Mars) hätte erhebliche Verringerungen von Wärmezufuhr herbeigeführt und so die permischen und quartären Eiszeiten veranlaßt.

Auch in noch weiterer Ferne wurde die Ursache gesucht: Poisson meinte, das gesamte Sonnensystem bewege sich nach und nach in verschiedenen Teilen des Weltalls und nehme dabei die verschiedenen Temperaturen an. Nach einer anderen Darstellung verursacht die Zunahme des Atmosphärendruckes, die durch Eintritt der Erde in gasreiche kosmische Räume bedingt wird, eine säkulare Milderung des Klimas, und umgekehrt.

b) Die terrestrischen Ursachen sind zum Teil noch abhängig von kosmischen Veränderungen: periodische Umsetzung der Ozeane (Schmick), Veränderungen in der Schiefe der Ekliptik, Verlegung der Pole und dadurch Änderung der Meeres- und Luftströmungen, der Wind- und Regenzonen, Schwankung des Erdmagnetismus, Schwankungen in der Abplattung.

Andere rein terrestrische Ursachen sind folgende: Nach Arrhenius können mäßige Änderungen des Kohlensäuregehaltes der Atmosphäre Eiszeiten bzw. wärmere Perioden hervorrufen, denn je mehr Kohlensäure die Luft enthält, um so mehr vom Boden ausstrahlende Wärme wird zurückgehalten. Nach Frech sind die Quellen der atmosphärischen Kohlensäure die vulkanischen Ausbrüche und Exhalationen, mit deren Abnahme zur Quartärzeit ein Sinken der Temperatur zusammenhing. Von anderen werden die durch vulkanische Tätigkeit der Atmosphäre zugeführten Wasserdampf- oder auch Höhenstaubmassen als Bedingungen für Hervorbringen von Vereisungen angezogen. Verschiedene Verteilung von Wasser und Land, zum Teil mit Gebirgserhebungen, sind schon seit langem ebenfalls als Ursachen der Eiszeiten betrachtet worden. Der Golfstrom soll durch eine Meeresstraße bei Panama zum Stillen Ozean abgeführt worden sein oder wäre um das, durch allgemeine Senkung in eine Inselgruppe aufgelöste, Skandinavien herumgegangen, hier eine, das polare Treibeis führende Drift bedingend (Lindvall).

Ob zur Erreichung einer Eiszeit Temperaturerniedrigung als erster Grund anzunehmen ist, erscheint noch fraglich. Selbstverständlich mußten ja derartige gewaltige Eisansammlungen, wie sie im Quartär stattgefunden haben, auch eine Fernwirkung ausüben, Einfluß haben auf das Klima. Bedeutende Klimaschwankungen sind also zur Eiszeit und im Anschluß an sie anzunehmen und in der Tat auch nachweisbar; es fragt sich nur, ob dieselben nicht als Folge des Glazialphänomens angesehen werden können.

Nach Harmer haben die früheren Klimaänderungen ihre Ursache in der Änderung der herrschenden Winde gehabt; tektonische Bewegungen, wie Hebung oder Senkung, waren wohl die erste Ursache von meteorologischen Störungen. Während jetzt unsere Kontinentalgebiete im Sommer zyklonisch sind, waren sie während der Eiszeit dauernd antizyklonisch, und im Süden davon wie in den angrenzenden Ozeanen lag niederer Atmosphärendruck.

Nach Anschauung des Verfassers[1]) bedingte am Schlusse der Tertiärzeit die oben angedeutete veränderte Landkonfiguration meteorologische Verhältnisse, welche den heutigen im großen und ganzen zwar ähnelten, von ihnen aber dadurch verschieden waren,

---

[1]) E. Geinitz, Wesen und Ursache der Eiszeit. Arch. Ver. Nat. Meckl. 1905. Auch H. J. Klein hat schon 1868 in der Gaea eine sehr ähnliche Hypothese aufgestellt, ohne indessen auf die meteorologischen Verhältnisse jener Landkonfiguration das Hauptgewicht zu legen.

als die Zugstraßen der barometrischen Minima gegenüber den heutigen wahrscheinlich derart verschoben waren, daß diejenige von Nordamerika etwas südlicher verlief und in Europa neben Zugstraße I eine der heutigen Straße V analoge, nur etwas nach Süden verschobene, vorherrschte. Dadurch wurden nördlich jener Hauptzugsstraßen reichlichere Niederschläge und kühleres Wetter verursacht, während südlich davon reichliche Niederschläge eine sogenannte Pluvialperiode bedingten. Beistehende Karte (Tafel I) veranschaulicht jene damaligen Verhältnisse.

Wir fassen sonach die Eiszeit nicht als eine allgemeine Kälteperiode auf, sondern meinen, daß sowohl zu Anfang, wie unmittelbar am Schlusse derselben, zum Teil auch noch während der Eiszeit, auf der Erde das gegenwärtige, teilweise sogar ein etwas wärmeres Allgemeinklima (Lufttemperatur) als das heutige geherrscht hat. Es fand gewissermaßen nur ein anderer und rascherer Umsatz innerhalb der atmosphärischen Niederschläge statt.

Zu demselben Resultat kam neuerdings auch Ludwig, der ebenfalls sagt: Eine allgemeine Änderung des Klimas ist weder für den Eintritt noch für das Ende einer Eiszeit erforderlich.

Zeitberechnungen.

Oft hört man die berechtigte Frage: Wie alt sind die Diluvialschichten? Wie lange ist es her, daß jene eigenartige Eiszeit geherrscht hat? Berechnungen über die Zeit sind oft genug darüber angestellt, aber wir müssen bekennen, daß wir keine befriedigende Antwort darauf geben können. Die Prämissen der Rechnung sind zu unsicher.

Ich erinnere an die interessanten Untersuchungen Th. Kjerulfs[1]) über einige Chronometer der Geologie. Er kommt zu dem Ergebnis, daß die Beobachtungen am Nildelta, Mississippidelta, Niagarafall und der Hebung Skandinaviens zu vergleichen sind mit einer nachgehenden Uhr, an der wir nicht die schwindelnden Zahlen ablesen können.

Um nur ein Beispiel anzuführen, erhielt Hildebrandt auf Grund seiner (freilich sehr unsicheren) Berechnungen folgende Werte für die

---

[1]) Virchow-Holtzendorffs wissenschaftliche Vorträge, 352/53, 1880.

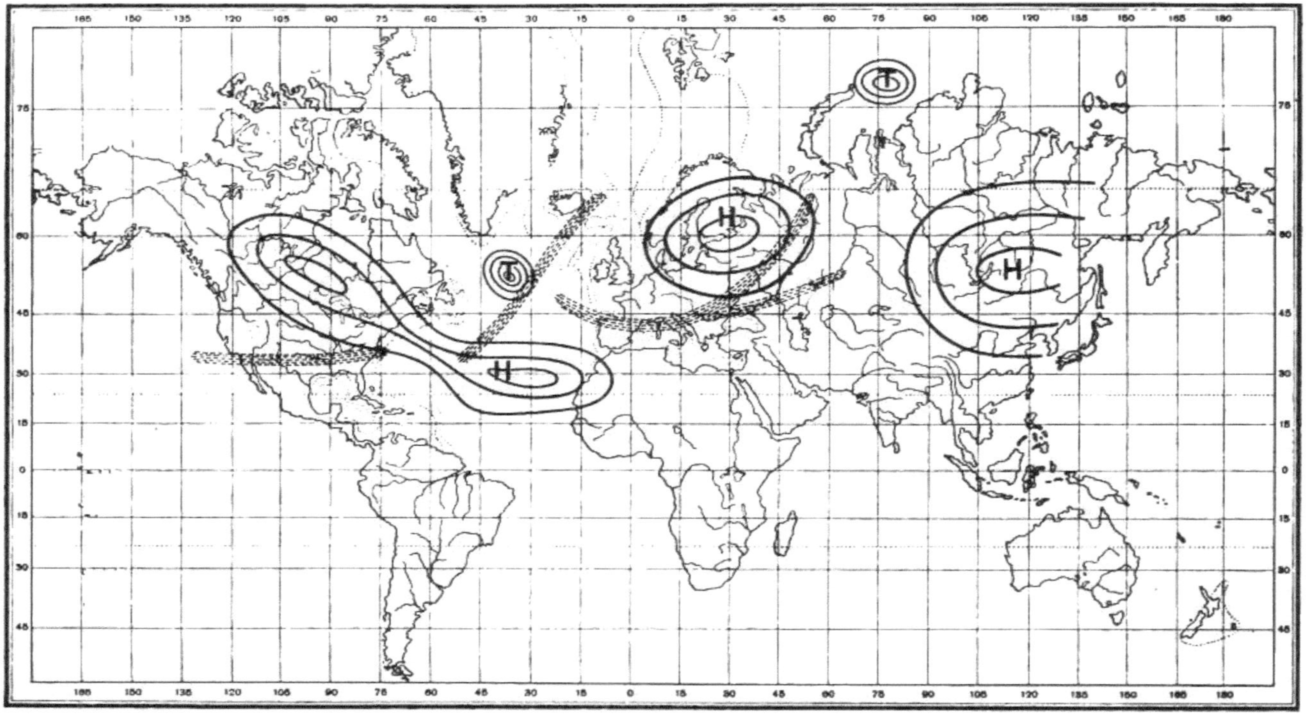

Mutmaßliche Verteilung der barometrischen Luftdrucke und der Zyklonenzugstraßen zur maximalen Landausdehnung (Anfang der Eiszeit).

Friedr. Vieweg & Sohn in Braunschweig.

1. Eiszeit	20000	Jahre	(mit kurzer Abschmelzperiode),
1. Interglazialzeit	85000	„	
2. Eiszeit	40000	„	(mit 50000- bis 60000 jähr. Abschmelzperiode),
2. Interglazialzeit	120000	„	
3. Eiszeit	15000	„	(mit kurzer Abschmelzperiode)
3. Interglazialzeit	195000	„	
4. Eiszeit	25000	„	(mit 20000- bis 25000 jähr. Abschmelzperiode).
Postglazialzeit . .	30000	„	
Summa	530000	Jahre.	

Zu noch größeren Zahlen gelangt Pilgrim[1]), welcher allerdings bekennt, daß die Eiszeit nicht vollkommen befriedigend rein astronomisch zu erklären sei.

Viel wertvoller ist eine Berechnung von Tutkowski:

Die unmittelbare Ursache war eine bedeutende Vergrößerung der atmosphärischen Niederschläge in den hohen Breiten. Daher Vergrößerung der Mächtigkeit der Gletscher, ihres Druckes und Zunahme der Bewegungsgeschwindigkeit, so daß der tägliche Zufluß des Eises an den Rändern die Menge des tauenden Eises übertraf. Die Mächtigkeit ist eine Funktion der Bewegungsgeschwindigkeit und der Intensität des Schmelzens. Die Mächtigkeit des tauenden Eises wird berechnet

	20. März m	21. Juni m	21. Dezember m
für 70° n. Br.	64	214	0
„ 60° „	94	205	10
„ 50° „	120	207	37

Daraus ergibt sich eine Vorstellung über die Reliefveränderungen des Eises nach den Breitengraden und Jahreszeiten, sowie seiner Grenzmächtigkeit an der Peripherie.

Die Mächtigkeit der pleistocänen Gletscher war

	21. Dezember m	20. März m	21. Juni m
in 70°	6630	6565	6416
„ 60°	4508	4425	4314
„ 50°	378	295	208

[1]) Versuch einer rechnerischen Behandlung des Eiszeitproblems. Jahresh. Ver. Naturk. Württemberg, 1904.

Bei einer Bewegungsgeschwindigkeit von 0,3 m täglich wäre die Dauer des Vorrückens des Gletschers vom 70. Grade 18500 Jahre, bei einer Geschwindigkeit von 1 m 6082 Jahre. Die Dauer eines jeden Rückzuges war also wahrscheinlich bedeutend größer als die eines jeden Vorrückens.

Die Anschauung, daß die Eiszeit und Nacheiszeit nur kurz (im geologischen Sinne) war, scheint sich mehr und mehr Bahn zu brechen; dies dürfte auch für die prähistorischen und archäologischen Forschungen von Wichtigkeit sein. So hat erst kürzlich Deecke berechnet, daß das Vordringen des Eises von Südschweden bis nach Mecklenburg-Pommern innerhalb von 300 Jahren erfolgt sein könne.

Die Glazialablagerungen.

Während überall im Quartär Schichten vorkommen, deren Entstehung ohne weiteres als fluviatil, limnisch, marin oder äolisch ersichtlich ist, finden sich in den Gebieten, für welche man eine ehemalige Eisbedeckung annehmen muß, daneben auch noch solche Bildungen, die unter Mitwirkung des Eises oder dessen Schmelzwässern gebildet sind, „glaziale" und „fluvioglaziale". Ebenso sind dort Oberflächengestaltungen zu beobachten, welche auf die Wirkung von Gletschern oder deren Schmelzwässer zurückzuführen sind.

Es sind dies die Moränen, mit ihrem unregelmäßig gelagerten Schuttmaterial, ihren geschrammten Geschieben, ihren großen Findlingen, ferner die Schotter- und Kies- oder Tonschichten der vor dem Gletscherende sich ausdehnenden Beschüttungsflächen, weiter die im Untergrunde des Eises gebildeten Schliffe oder Stauchungen des Bodens, die Riesenkessel der Gletschermühlen u. a. m. Auch ein Teil der Bodenumformungen wird vielfach auf die Erosionswirkung des Eises bezogen.

Auch das Eis hat ja, wie das Wasser, zerstörend, transportierend und wieder absetzend gearbeitet. Das Studium der heutigen Gletscher, sowie des grönländischen und auch des antarktischen Inlandeises hat unsere Kenntnis über diese Verhältnisse reichlich gefördert.

Zuerst waren es die erratischen Blöcke, welche durch Eistransport erklärt wurden und Veranlassung gaben zu der Theorie der einstigen größeren Gletscherausdehnung zur „Eiszeit".

Es sind Blöcke, weit entfernt von dem anstehenden Vorkommen des Gesteins, lose oder in Lehm oder Kies eingehüllt, in den nordeuropäischen und amerikanischen Ebenen oder dem außeralpinen

Fig. 1.

Erratischer Block von Poratz i. d. Mark (aus „Brandenburgia" XI, 1903).

Gebiete, zum Teil in Höhenlagen, welche die Auffassung von Wassertransport ausschließen.

Berühmte Beispiele sind der etwa 5000 cbm große Kalksteinblock von Bex in Wallis auf dem Hügel Montet, der Gneisblock

Pierre à la Bot, 100 m über dem Neuchâteler See, der 2000 cbm haltende Pflugstein bei Wetzweil, der Damestein auf Fünen, viele andere im norddeutschen und russischen Flachlande, an welche sich oft die Sage angeknüpft hat.

Playfair, Venetz, Agassiz u. a. erklärten ihr Vorkommen dadurch, daß sie durch gewaltige Gletscher transportiert seien, während die nordeuropäischen Findlinge lange Zeit nach der Drifttheorie so erklärt wurden, daß man annahm, sie seien in einem, das nordeuropäische Tiefland bedeckenden Meere durch Eisberge von nordischen Gletscherendigungen her verfrachtet; erst nach Annahme der Inlandeistheorie wurde auch für sie der direkte Eistransport als richtig anerkannt.

Moränenbildungen.

Von größter Bedeutung sind vor allem die Moränenbildungen[1]):

In dem Schmelzgebiete des Gletschers bilden sich um die Gletscherzungen, meist in mehreren bogenförmigen Gürteln, die Endmoränen aus. (In dem Moränengürtel liegen die Moränenwälle bald dicht nebeneinander, bald weiter entfernt, zwischen sich Talungen einschließend; sie bilden die sogenannte „Moränenlandschaft".) Hinter, d. h. oberhalb der Gletscherzunge, liegt das „Zungenbecken", dessen Boden nach den Eisrändern zu ansteigt.

In den Zungenbecken sind die Glazialbildungen meist dürftig entwickelt, nur nach den Endmoränen hin nimmt die Moränenbedeckung zu und bildet oft die charakteristischen Rücken, die man Drumlin nennt.

An den äußeren Moränenwall schließen sich, durch das Abschmelzen des Eises geliefert, große Massen von fluvioglazialem Schotter, die auch zuweilen unter denselben hindurchlaufen oder mit Moränenmaterial mannigfach verzahnt sind. Man kann somit von einer Verknüpfung von Moränen mit Schottern reden.

Von den Übergangskegeln aus talabwärts erstrecken sich die oft enorm ausgedehnten „Schotterfelder", aus grobem Geröll bestehend, das durch Mangel an feinem Material ausgezeichnet ist. Das Oberflächengefälle ist im Übergangskegel steil und vermindert sich auf den weiter gelegenen Feldern. Den einzelnen Moränengürteln entsprechen Teilfelder, die erst weiterhin zusammenlaufen. Beide sind je nach dem Alter verschieden, die jüngsten wenig verwittert, die älteren ver-

---

[1]) Penck und Brückner, Die Alpen im Eiszeitalter, Leipzig 1902; s. auch A. Böhm, Geschichte der Moränenkunde. Abh. Geogr. Ges. Wien, 1901.

festigt und tiefgründig verwittert, oft auch zu Schotterterrassen umgewandelt.

Zum Teil andersartig sind die Eisverhältnisse Grönlands. Man kann die dortige als „Inlandeis" bezeichnete Eisfläche, aus welcher inselförmig die höchsten Bergteile als die sogenannten „Nunatakr" hervorragen, auffassen als die Summe von seitlich zusammengeflossenen Einzelgletschern.

E. v. Drygalski hat speziell auf den Unterschied hingewiesen zwischen „Gletscherbewegung" und „Inlandeisbewegung": Erstere ist abhängig von den Landformen und ihr parallel gerichtet, letztere ist von den dickeren gegen die dünneren Eisgebiete gerichtet, ihr Strömen erfolgt in der Richtung der Entlastung, ihre Bewegung strebt nach allen Seiten einen Ausgleich an.

Die Oberflächenmoränen spielen hier eine ganz verschwindende Rolle, nur die Grundmoräne und die Innenmoräne (letztere beim Abschmelzen als Oberflächenmoräne entwickelt) kommen hier in Betracht (man hat demnach zwischen inglazialem und subglazialem Geschiebemergel zu unterscheiden), ferner die Endmoränen und die lich vor sie lagernden Schotterflächen, die „Sandr".

Als Absatz der Grundmoräne und zum Teil der Innenmoräne gilt in den Gebieten der einstigen Inlandeisbedeckung der sogenannte Geschiebemergel, auch Blockmergel oder Geschiebelehm (moränlera, boulderclay, till), jenes bekannte, durch regellos eingemengte Geschiebe, Gerölle, Grand und Sand besonders widerstandsfähige, tonigkalkige oder auch mehr kiesige Gestein, ohne jegliche innere Schichtung.

Der Geschiebemergel Norddeutschlands hat ungefähr die folgende Zusammensetzung:

1	Proz.	große Blöcke und Steine,
3	„	Kies und grober Sand,
55	„	Sand,
16	„	feinster Sand (Staub),
25	„	feinste Teile (Ton).

Wie alle glazialen Ablagerungen ist der Geschiebemergel das Produkt rein mechanischer Zerkleinerung; daher finden wir in ihm unverwitterte Gesteinsbruchstücke (wasserfreie Silikate und häufig hohen Kalkgehalt [1]). Er bildet eine fruchtbare Bodenart, welche vermöge ihrer chemischen und physikalischen Beschaffenheit für den Pflanzenwuchs besonders günstig ist.

---

[1]) Nur vereinzelt trifft man auch Blöcke, welche völlig verwittert sind und sich dadurch auffällig von ihren Begleitern unterscheiden; solche Stücke muß man als Reste des im Ursprungsgebiete vorhandenen sogenannten säkularen Verwitterungsschuttes ansehen.

An der Oberfläche verwittert der Geschiebemergel und es bildet sich Geschiebelehm heraus, der schließlich in immer sandigeren Lehm und endlich in lehmigen Sand übergehen kann. Das einsickernde Wasser entführt allmählich den Kalkgehalt, der bei der Durchlüftung zutretende Sauerstoff ändert die ursprünglich blaugraue Farbe in Grünlichgrau bis Lehmgelb. Kräftig mechanisch wirkendes Wasser wandelt den Geschiebelehm zu Geschiebesand um, entfernt auch schließlich die letzten Sandmengen, so daß dann nur die Steinbestreuung oder Steinsohle als letzter Rest der Moräne übrig bleibt.

Nicht selten sieht man in einer Moränenbank kleinere oder größere Einlagerungen oder Linsen von geschichtetem Sand, Kies oder auch wohl Ton; dieselben sind leicht so zu erklären, daß hier das Schmelzwasser innerhalb der Moräne auf kürzere Strecken das Material umschlämmte und als Sedimente ablagerte. Werden diese Einlagerungen mächtiger, so können sie eine zuerst einheitliche Moränenbank im weiteren Verlauf in mehrere getrennte Bänke zerlegen. Auch ein seitlicher Übergang aus Geschiebemergel in Grand- und Geröllschichten kommt vor, ebenso können sich Geschiebemergel und geschichteter Ton vertreten und seitlich ineinander übergehen.

Bei völligem Mangel an Schichtung und regelloser Verteilung der Steine zeigt der Geschiebemergel doch oft eine dünnbankige Absonderung (durch den Druck des auf ihm lastenden Eises hervorgerufen). Eine weitere Eigentümlichkeit sind die in der einheitlichen Moränenmasse bisweilen vorkommenden parallelen Lagen von Steinen, die dann oft wie ein Steinpflaster erscheinen.

Die im Moränenmergel und -lehm enthaltenen Steine, die „Geschiebe“, sind häufig als die bekannten „Scheuersteine“ abgeschliffen und geschrammt.

Die Geschiebe oder Findlinge spielen in manchen Gegenden, wo anstehendes Gestein nicht vorkommt, eine technisch wichtige Rolle. Man benutzt sie als Bausteine und Straßenmaterial.

Eine andere Varietät der Moräne ist die „kiesige Blockpackung“, die sehr schön in den Endmoränen zu sehen ist, bei ihr hat das Schmelzwasser eine große Rolle gespielt; die Feinbestandteile sind entfernt, keine oder nur rohe Schichtung ist vorhanden.

Wenn die Moräne vorwiegend aus Trümmern des Untergrundes besteht, bezeichnet man sie als „Lokalmoräne“.

Fig. 2.

Geschrammtes Geschiebe (Saltholmskalk). ½ nat. Gr.

Nicht selten hat das Eis auch ganze Schollen des im Untergrunde anstehenden Gebirges losgerissen und in seine Moräne

Fig. 3.

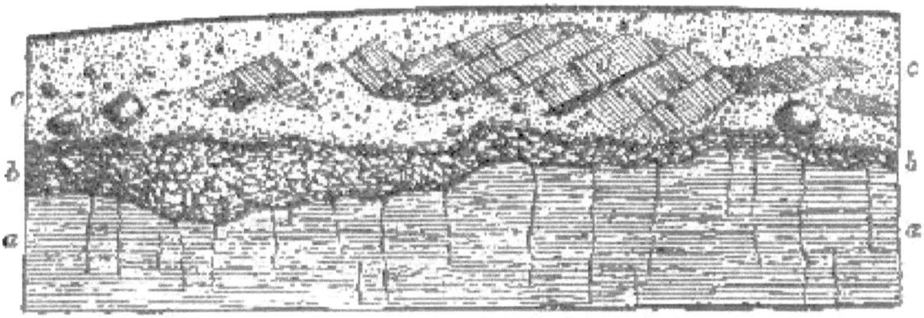

Lokalmoräne aus Bornholm: *a* Trinucleusschiefer, *b* Bruchstücke dieses Gesteins, *c* Grundmoräne mit Graptolithenschieferstücken (*d*).

verfrachtet. Aus vielen Gegenden ist die Erscheinung bekannt, daß man solche Schollen wegen ihrer Größe wie Anstehendes abgebaut hat (z. B. Kreideschollen).

Sehr wichtig ist die Bestimmung des Ursprungsgebietes der Geschiebe. Besonders charakteristische Geschiebe hat man als „Leitblöcke“ bezeichnet, weil sie uns auf ihre Heimat und damit auf die Bewegungsrichtung des Eises hinführen. Dem Gegenstande ist eine große Anzahl von Untersuchungen gewidmet.

Über die Endmoränen vgl. unten.

Sedimente.

Wenn wir den Geschiebemergel ausschlämmen, so erhalten wir die beiden Typen der Sedimente, den Ton und die Sande nebst Blöcken. Das vom Eise gelieferte Schmelzwasser hat nun dieselbe Aufbereitung vorgenommen, teils schon unter der Eisdecke, teils durch die dem Gletscherrande entströmenden Bäche und zwar in so reichem Maße, daß die Sedimente mindestens ebenso mächtig und verbreitet sind, wie die eigentlichen Moränenbildungen. Wir nennen sie nach ihrer Bildungsweise die fluvioglazialen Absätze.

Je weiter der Weg war, den Eis und Wasser zurückzulegen hatten, um so mehr Material haben sie aus dem einheimischen Boden aufgenommen. So zeigte Keilhack, daß die norddeutschen Sande einen viel höheren Quarzgehalt haben als die schwedischen (80 Proz. gegen 31 Proz.): das Eis hat auf seinem Wege auf deutschem Boden große Mengen von Quarzsand aus dem Tertiäruntergrund aufgenommen. Durch Zerstörung von Kreidelagern hat der Sand häufig große Mengen von Kreidefossilien aufgenommen, z. B. Seeigel, Muscheln, Donnerkeile, Bryozoen u. a., letztere haben die Varietät des „Korallensandes“ veranlaßt.

Umgekehrt erhielten die Gewässer in den randlichen Teilen der Vereisung von den aus den dortigen Gebirgen zuströmenden Flüssen südliches Gesteinsmaterial beigemengt, so daß man daselbst von „gemengtem Diluvium“ spricht.

α) Sande.

Die Gruppe der Sande wird nach der Größe des Korns und nach ihrer petrographischen Zusammensetzung verschieden klassifiziert.

Nach der Korngröße wird unterschieden: grober, mittlerer und feiner Sand, Grand, Kies, Gerölle, Blöcke. Nach ihrer Zusammensetzung haben die Sande Namen wie Spatsand, toniger und Mergelsand (Schlepp, Schluff), Glimmer-, Braunkohlen-, Korallensand usw., Treibsand, Wellsand wird ein feiner Sand genannt, der reichliches Wasser unter starkem Druck führt. Überhaupt sind die Sandschichten wichtig für Wasserführung, vielfach die Reservoire für Grundwasser bildend.

Bei der starken Wasserdurchlässigkeit der Sande wird der Kalkgehalt in den oberen Lagen sehr rasch ausgelaugt, gleichzeitig findet eine höhere Oxydation der Eisenverbindungen statt, wodurch die oberen Lagen eine gelb- bis rostbraune Farbe erhalten (Fuchserde). Der weggelaugte Kalk wird vielfach in tieferen Lagen wieder abgesetzt als weißer Beschlag um Wurzeln oder auf undurchlässigen Schichten, bisweilen auch Konkretionen von allen Größen und Formen bildend. Ähnliches kann auch durch Eisenlösungen erfolgen.

Alle Sande zeigen deutliche Schichtung, häufig auch die Kreuzschichtung oder diskordante Parallelstruktur, dem raschen Wechsel der Bewegungskraft des Wassers entsprechend.

Schon infolge seiner physikalischen Beschaffenheit und dann auch wegen der erleichterten Wegführung seiner Pflanzennährstoffe bildet der Diluvialsand im allgemeinen einen weniger fruchtbaren Boden, der stellenweise fast bis zur Sterilität übergehen kann.

β) Ton.

Das andere Schlämmprodukt der Moräne, der Diluvialton oder -tonmergel, zeigt eine gleichmäßigere Beschaffenheit als der Sand. Meist steinfrei, im unverwitterten Zustande kalkhaltig, von dunkel- oder hellblaugrauer oder rötlichgelber und brauner Farbe, ist er als das Sediment der feinsten Teile der ausgeschlämmten Moräne zu betrachten, deren Niederschlag erst in ruhigem Wasser stattfinden konnte.

Daraus erklärt sich die ausgezeichnete feine Schichtung, die ihm auch den Namen „Bänderton“ gegeben hat, ferner seine mannigfache Wechsellagerung mit oft winzig dünnen sandigen Schichten (die man mit Jahresringen vergleichen kann, bedingt durch periodisch etwas stärker bewegtes Wasser und dadurch hervorgerufenen sandigeren Bestand der suspendierten Massen).

Ebenso erklärt sich der Übergang von fettem Ton in mageren Mergelsand (tonigen Sand, Schluff) und endlich in Feinsand.

Die diluvialen Tonlager sind wertvoll für viele Ziegeleien.

Einfluß der Vereisung auf den Untergrund.

Zu den bekannten Eiswirkungen gehört die Glättung und Schrammung des Untergrundes, sowie Rundhöckerbildung; die früher von Gletschern bedeckten Teile des Bodens zeigen häufig diese Erscheinung.

Die Schrammen, Scheuerstreifen auf den geglätteten Felsoberflächen, sind auch von der Gesteinsbeschaffenheit abhängig; daß viele derselben durch spätere erneute Eisbedeckung oder auch durch Verwitterung verloren gegangen sind, ist selbstverständlich. Die Schrammen wechseln sehr in ihrer Größe; feine Ritzen oder $^1/_2$ bis 1 cm breite Streifen oder 5 bis 10 cm breite Furchen sind am häufigsten.

Auf die Evorsion des Bodens durch Gletschermühlen werden die Riesentöpfe zurückgeführt.

Ein wichtiger, in seinem Umfange allerdings sehr verschieden bewerteter Faktor ist die Glazialerosion. Wenn man auch die Wirkung der Gletschererosion nicht in dem großen Umfange annimmt, wie es zum Teil geschehen, so sprechen doch für dieselbe unleugbar die Schrammen und Rundhöcker, der frische unverwitterte Zustand der Geschiebe, Pressungs- und Stauchungserscheinungen, der Transport größerer Schollen u. a. m. Vorhandene Auflockerung des Gesteinsbodens (durch Schichtenfugen, Dislokationserscheinungen, Zerklüftung oder Verwitterung), Frostwirkung (auch unter dem Eise) und dadurch bedingte Lockerung des Bodens, wechselnde Härte des Bodens, vorhandene Bodendepressionen sind hierbei wichtige Momente.

Während ein Teil der Forscher annimmt, die Gletscher seien imstande gewesen, Täler (Fjorde) und Seebecken selbständig zu erodieren, meint ein anderer Teil, die erodierende Tätigkeit habe sich mehr auf ein Nacharbeiten von schon vorgebildeten Erosionsformen beschränkt.

Wo die Moräne auf einem Untergrunde lagert, der nicht fester Fels ist, zeigt sich das gegenseitige Lagerungsverhältnis entweder ohne Störung oder der Untergrund ist gestaucht, gefaltet, verworfen und anderweit mannigfach gestört.

Ungestörter Untergrund ist vielleicht häufiger als Störungen. Auf den losen Sand- und Tonschichten z. B. ruht der Geschiebemergel in konkordanter Lagerung, oft erscheint seine untere

Partie von Wasser aufgearbeitet zu roh geschichteter Masse; der obere Geschiebelehm überkleidet alle Unebenheiten des Bodens, ohne sie planiert zu haben, in anderen Fällen schneidet er schräge Schichten geradlinig ab.

Häufig ist aber auch der Untergrund gestört. Besonders am Rande des Eises, bei längerem Stillstand desselben, haben sich vielfach Stauchungserscheinungen des Untergrundes oder des soeben aufgeschütteten Bodens gebildet („Staumoränen"). (Nicht jede Schichtenstörung ist aber auf glazialen Druck zurückzuführen; einseitige Druckentlastung der Schichten, z. B. an Talrändern, tektonische Dislokationen u. a. haben oft großartige Stauchungen hervorgerufen.)

Die Bodenformen, welche den Moränenbildungen ihre Entstehung verdanken, sind: Grundmoränenlandschaft („Moränenebene"), Drumlins, Endmoränenlandschaft.

Auch die „Durchragungen" können mit zum Teil hierher gerechnet werden.

Die Drumlins sind gesellig auftretende, mehr oder weniger elliptische, rückenartige Hügel, flach geböscht und im Verhältnis zu ihrer Flächenausdehnung von unbedeutender Höhe, welche entweder in ihrer ganzen Masse aus Grundmoränenmaterial bestehen oder einen Kern von geschichteten Fluvioglazialbildungen oder auch älterem Gestein besitzen. Ihre Anordnung fällt mit der Bewegungsrichtung des Eises zusammen. In Nordamerika, Großbritannien schon lange bekannt, wurden sie dann auch in der Schweiz und Nordeuropa nachgewiesen.

Bodenformen der Sedimente sind die Åsar (Wallberge) und Sandr.

Die Åsar bestehen im wesentlichen aus gerollten Steinen oder Grus, die oft wechsellagern und Kreuzschichtung zeigen, als Beweis, daß sie aus bewegtem Wasser abgelagert sind.

Bisweilen findet sich in den oberen Teilen echter Grundmoränengrus. Bald sind es lange, oft sehr schmale Rücken, die bisweilen in ihrer Länge durch Gräben und feuchte Niederungen getrennt werden, bald in langen Reihen aneinander gereihte, länglich runde Hügel (s. Fig. 4), bald breite Plateaus. Häufig sind sie von einheitlichen Sandfeldern oder von Moränenebenen begleitet. Die skandinavischen Åsar verlaufen analog mit dem

Fig. 4.

Ås (Wallberg) bei Zweedorf in Mecklenburg.

Flußsystem und meist unabhängig von den Reliefverhältnissen in ungefähr gleicher Richtung wie die Schrammen, auf Längen von vielen Kilometern. Bisweilen sich hoch über die Umgebung erhebend, mit steilem oder flachem Böschungswinkel, bilden sie entweder ganz schmale Dämme oder breite Wälle, die sich auch zu einigen 1000 m ausbreiten können, wobei sie nicht selten eine Menge unregelmäßiger Kämme mit dazwischen liegenden Vertiefungen bilden.

Vielfach haben die Åsar einen gewundenen, an einen Bachlauf erinnernden Verlauf. Sie setzen sich aus vielen der Reihe nach hintereinander gelegenen Einzelrücken zusammen. Auf ein „Hauptås" stoßen unter spitzem Winkel von Norden her „Nebenåsar", oft von geringeren Dimensionen als die ersteren.

Fig. 5.

Schematische Übersicht der Richtung der Rullstenåsar am Mälarsee. (Nach Törnebom.)

Über die Entstehung der Åsar hat man verschiedene Ansichten. In den heutigen vergletscherten Gebieten kennt man keine Analogien dafür. Die beiden jetzt am meisten geltenden Erklärungen sind folgende:

Nach Holst sollen sich in der Abschmelzzeit auf der Oberfläche des Eises Flußsysteme gebildet haben (analog wie in Grönland), die, der allgemeinen Neigung folgend, Täler in das Eis eingruben, darin Gerölle und Steine führend. Diese supraglazialen Flußanhäufungen blieben nach Wegschmelzen des Eises als Åsar auf der Erde liegen. Strandmark nimmt dagegen an, daß die Åsar aus Gletscherbächen gebildet seien, welche unter dem Eise flossen. Das in Spalten unter das Eis geratene (subglaziale) Schmelzwasser bildete die Gletscherbäche, welche ihre Eisdecke tunnelartig aushöhlten; in diesen Kanälen wurden die Åsar abgelagert, deren Material in der Hauptsache von der Grundmoräne stammt. Bedenkt man, daß die Wände dieser Tunnels sich selbst mit vorwärts bewegten (weil ja das ganze Eis eben in Bewegung war), so ist es erklärlich, daß an manchen Stellen im Laufe der Zeit auf die vom Wasser aufgeschütteten Sedimente die Eisdecke zum Aufsitzen kommen und ihre Grundmoräne darauf oder daran ablagern konnte.

Über die „Sandr“ und Heideflächen s. u.

I. Das nordeuropäische Glazial.

Die große nordeuropäische Inlandeisbedeckung (s. Tafel II) hatte ihren Ausgang von zwei Zentren, Skandinavien einerseits und Schottland andererseits. Wenn in der Zeit des Maximums die Eismassen beider Territorien in Zusammenhang traten, so war dies wahrscheinlich nicht infolge einer zusammenhängenden festen Eisdecke, sondern wohl in Form von Packeismassen.

1. Gebiet Skandinavien-Rußland-Norddeutschland-Holland.

a) Art des Vorkommens und Verbreitung.

Die vermehrten Niederschläge verursachten in den skandinavischen Bergen eine Senkung der Schneegrenze gegen 1000 m unter ihre gegenwärtige Lage herab. Die Gletscher breiteten sich mehr aus und reichten tiefer in die Täler hinab; andere vordem unter der Schneegrenze gelegene Stellen bedeckten sich mit ewigem Schnee und bildeten den Ausgang für die sich immer mehr vergrößernden Gletscher. Zu Anfang konnten die Gletscher den Tälern folgen, aber allmählich mußten sie immer mächtiger, das Firnfeld immer größer werden, bis endlich das Firnfeld und die Gletscher zusammenflossen in das zusammenhängende „Inlandeis“. Die Bewegung dieser Eismasse wurde bestimmt, wie die des fließenden Wassers durch die Bodenneigung.

Geringere Erhebungen unter dem Landeise hatten wegen dessen Mächtigkeit keinen oder nur lokalen Einfluß auf die Bewegung der Eismasse. Wenn auch das Eis in seiner Gesamtheit unabhängig von dem Relief des Bodens fortschritt, so war doch seine untere Schicht durchaus abhängig davon, so daß diese Schicht sich wohl auch in einer von der oberen Eismasse ganz abweichenden Richtung bewegen konnte. Am Schlusse der Eiszeit nahm das Inlandeis an Mächtigkeit ab und löste sich wieder in einzelne, mehr von den Terrainformen abhängige Eisströme oder Gletscher auf.

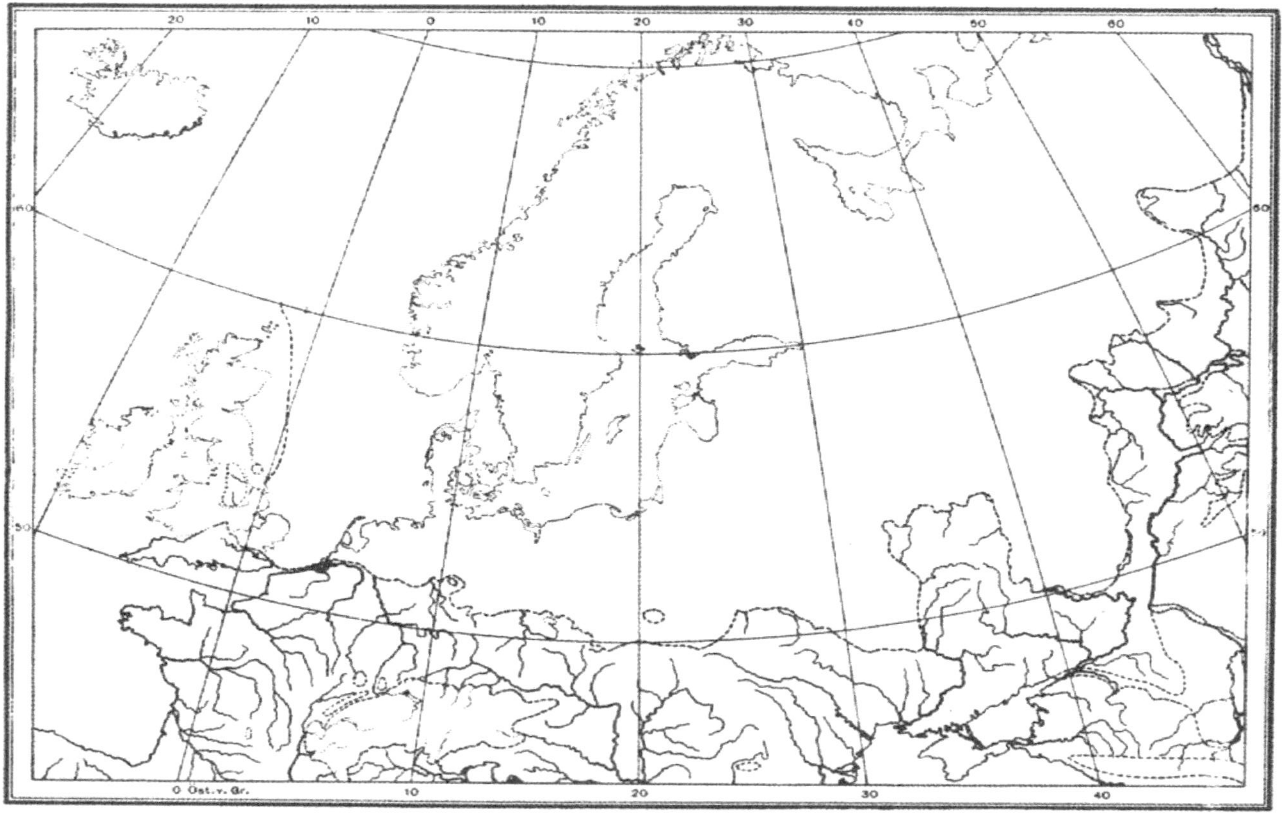

Karte der Maximalvergletscherung Europas (nach de Geer).

Friedr. Vieweg & Sohn in Braunschweig.

In einem späteren Stadium erfolgte eine größere Eisansammlung östlich der heutigen Wasserscheide, so daß die „Eisscheide“ nicht mehr mit der Wasserscheide zusammenfiel; dabei wurde die Bewegung des Eises hier unabhängig von den Reliefformen und erfolgte im Hochgebirgsgebiete sogar zum Teil entgegen der Bodenneigung. (Vielleicht war der Grund dieser Erscheinung ein reichlicherer Niederschlag östlich der gegenwärtigen Wasserscheide Skandinaviens.)

Die Bewegung in dem Landeise ging von der „Eisscheide“, d. i. von dem skandinavischen „fjellen“ und seiner Umgebung strahlenförmig nach verschiedenen Richtungen aus. Das Eis schob sich nach Norden in das Eismeer, nach Osten, Südosten und über die baltische Senke und Finnland weit nach Rußland hinein bis in das Herz von Deutschland, nach Südwesten über Dänemark, in die Nordseegegend bis Holland.

Mächtige Packeismassen bildeten sich zur Eiszeit in dem arktischen und atlantischen Meere. Dieses Packeis reichte bis zum norwegischen Meere und versperrte so dem Landeise seinen natürlichen Abweg. Daher mußte das norwegische Eis seinen Weg über die Shetlandsinseln nehmen, dort das schottische Eis eigentümlich ablenkend; in ähnlicher Weise wurde durch Absperrung des Eismeeres die große Ausbreitung des Landeises in südöstlicher Richtung nach Rußland ermöglicht. Eine noch erhöhte Widerstandsfähigkeit der nordwestlichen Packeismassen zwang dann in der Haupteiszeit den sogenannten älteren baltischen Eisstrom, nunmehr eine südliche Ausbreitung zu nehmen.

Landsenkungen Skandinaviens werden außerdem das Landeis in späteren Phasen, zumal wenn es geringere Mächtigkeit besaß, teilweise zum Kalben gebracht haben: die dadurch entstandenen Eisberge und Packeismassen können eine von der eigentlichen Bewegungsrichtung des Landeises abweichende Verstreuung von „Leitblöcken“ bedingt haben.

Bei der weiteren Ausdehnung des Eisgebietes wird es Zwischenzeiten gegeben haben, in denen „die Abschmelzung den Eisrand zum Rückweichen zwang und in denen Schmelzwasser der Gletscherbäche vor demselben mächtige Ton- und Sandlager absetzten und ausbreiteten. Diese wurden später, als das Eis von neuem vorrückte, unter dessen Moränen begraben, wenn sie nicht etwa gänzlich zerstört wurden. Zuletzt erreichte das Eisgebiet seine äußerste Grenze und früher oder später hiernach begann die Abschmelzung vorzuwiegen, so daß das Gebiet des Landes und des Meeres wieder vergrößert wurde auf Kosten des Eises. Aber der Streit zwischen Vereisung und Abschmelzung dauerte fort während langer Zeiten und mit verschiedenem Erfolg für die streitenden Parteien. Die verhältnismäßig milden Zwischenzeiten, in denen die Abschmelzung siegreich war und das Eisgebiet sich wesentlich verkleinerte, hat man gewöhnlich Interglazialzeiten genannt" (de Geer).

Skandinavien.

Die einstige Oberfläche des Landes war in der langen Zeit vor Eintritt der Vereisung den Einwirkungen der säkularen Verwitterung und des Frostes ausgesetzt gewesen, die Berge werden mit „Blockmeeren" bedeckt gewesen sein, aus denen nur selten das frische Gestein hervortrat. Die sich entwickelnden Gletscher und ihr Schmelzwasser haben diesen Felsschutt und die Verwitterungserde als Moränenschutt zuerst weggefegt.

Schrammen (Scheuerstreifen) und Rundhöcker als Spuren der einstigen Vergletscherung sind in Skandinavien allgemein verbreitet. Jedenfalls ist auch ein großer Teil der Riesentöpfe, „jettegryter", auf die Evorsion durch Gletschermühlen zurückzuführen.

Wenn nicht alle Schrammen parallel eine Richtung verfolgen, sondern häufig ein jüngeres System ein älteres überkreuzt, so läßt sich das vielfach auf Verschiedenheiten in der Gletscherbewegung ein und derselben Vereisung zurückführen, besonders dort, wo etwa der Eisrand mit seiner ausstrahlenden Bewegung die Ursache gewesen ist. In anderen Fällen wird man bei sich kreuzenden Schrammensystemen (z. B. in Schonen) auf Eisströme verschiedenen Alters und verschiedener Bewegungsrichtung hingeführt. Doch sind im einzelnen Falle die verschiedenen Beobachter nicht immer ein und derselben Auffassung.

Die Moränenablagerungen Skandinaviens kann man unterscheiden als Grundmoränen, Innen-, Oberflächen- und Endmoränen.

In ihrer petrographischen Zusammensetzung sind die Moränen naturgemäß abhängig von dem Untergrunde; im Gebiete des Grundgebirges werden sie grusig sein und zum Teil tonhaltig, im Silur- und Kreidegebiete tonhaltig und kalkhaltig.

Die erratischen Blöcke fehlen auf den höchsten Bergspitzen (in Norwegen fehlen sie in Höhen über 1500 m). Wichtig für die Ermittelung der einstigen Bewegungsrichtung des Eises ist die Heimatsbestimmung der in den Moränen enthaltenen Blöcke.

Viele solcher Geschiebe kann man als „Leitblöcke" bezeichnen, z. B. die Gesteine des Kristianiagebietes, die Schonenschen Basalte, Hörsandstein und Kreide von Südschweden, Gotländer Silur, manche Diabase, die Cancrinitsyenite von Dalarne, verschiedene Eruptivgesteine von Småland, die Quarzporphyre und Rapakiwis von Åland, den Ostseekalk und -granit, die Nephelinsyenite von Kola u. a. m.

Die Grundmoräne lagert entweder auf glazialen Sedimenten oder auf anstehendem Gestein; ihre Mächtigkeit kann 30 m erreichen.

Zu den Innenmoränen rechnet man den weit verbreiteten „Kroßstensgrus".

Endmoränen sind weit verbreitet. Sie sind nicht bloß auf den großen Moränenzug beschränkt, den de Geer einmal für die Abgrenzung des sogenannten jüngeren baltischen Eisstromes verwertet hat; auch etwas vor den Enden der heutigen Gletscher und weiter als bogenförmige Querwälle in Tälern und anderen Stellen außerhalb der heutigen Gletschergebiete finden wir Endmoränen.

Die Endmoränen heben sich als blockbedeckte bogenförmige Kieswälle deutlich von der Umgebung ab (die norwegische Hauptendmoräne erhebt sich bei einer Breite von $^1/_2$ bis $1^1/_2$ km um 10 bis 40 m über die Umgebung, die finnische wird 30 bis 40 m hoch). Bisweilen liegen mehrere Wälle im Abstande von einigen hundert Meter hintereinander; vielleicht geben die Zwischenräume zwischen den einzelnen Wällen das jährliche Rückweichen der Eiskante zur Abschmelzzeit an. Die Endmoränen Norwegens („Ra" oder „Egge", auch „Rein" genannt) stehen vielfach mit weiten Steinfeldern in Zusammenhang.

Bisweilen sind an die Endmoränen geschichtete Grusmassen durch Gletscherbäche angelagert. Im Innern findet sich geschichteter Grus mit Einlagerungen von Moräne. Wegen der Schichtung des Materials in den südnorwegischen Endmoränen nimmt man an, daß dieselben im Meere abgesetzt worden seien (das Meer soll nach Vogt 200 m höher als gegenwärtig gestanden haben).

Dort, wo die Moränen später vom Meer bedeckt wurden (besonders in der Nähe der Küste), wurden sie von demselben umgelagert zu dem sogenannten Brandungsgrus (svallgrus) und zu Strandwällen.

Naturgemäß werden die Endmoränen, die wir jetzt beobachten, im allgemeinen nur von der letzten Eisbedeckung stammen können, etwa in früheren Perioden abgesetzte werden entweder von der späteren Eisbedeckung zerstört oder durch deren Ablagerungen verdeckt worden sein.

Mittel- und Seitenmoränen finden sich natürlich nur als Seltenheiten.

Auch die Drumlins oder Radialmoränen wurden in Schweden und in der Küstenzone von Westerbotten nachgewiesen. (In Dalsland kommen sie charakteristisch vor.)

Fluvioglazialbildungen (Hvitåbildungen). Die Rullstens- oder Sandåsar sind eine weit verbreitete Erscheinung in dem skandinavischen Glazialgebiete.

An dem Saume des Inlandeises münden Gletscherbäche aus, welche Gerölle, Sand und Schlamm mitführen, letzteren oft in solchen Mengen, daß ihr Wasser ganz trübe ist. Diese Gewässer verlegen oft ihren Lauf und breiten die mitgeführten Geröll- und Sandmassen auf den umgebenden Ebenen und Talböden aus („Sandr“ in Island und Grönland), während der Tonschlamm als Bachtrübe weiter weggeführt und in kleineren Wasserbecken, Seen oder dem Meere abgesetzt wird.

Solche unmittelbare Ablagerungen aus Gletscherbächen nannte Torell nach den isländischen hvitåar (Weißwässer) „Hvitåbildungen“. Diese geschichteten Ablagerungen finden sich naturgemäß neben den Moränen reichlich vertreten.

Finnland.

In Finnland sind die Quartärablagerungen in derselben Art, wie in Skandinavien entwickelt.

Der alte Gebirgsuntergrund zeigt Schrammen und Rundhöcker. Der Moränengrus (pinmo, Kroßstensgrus, Blockton) ist hier das älteste Glied des Quartärs, unmittelbar auf dem alten Gebirge aufsitzend; er herrscht fast ausschließlich vor in den höheren Teilen des Inneren und im Norden, zum Teil lange hohe Hügel bildend.

Der Moränengrus kann einer fluviatilen Einwirkung unterlegen sein, in den Rullstensgrus übergehend. Dieser bildet zusammen mit Sanden die zahlreichen Åsar.

Die Åsar verlaufen über das Land, sowohl in den Küstenstrichen als auch in den zentralen Teilen in derselben Richtung wie die Schrammen; ihre Zahl ist bedeutend. Häufig sind sie von Sandfeldern begleitet. Einer der höchsten Åsar ist der Kejsaräs bei Kangasala, der sich 80 m über den benachbarten See erhebt.

Fig. 6.

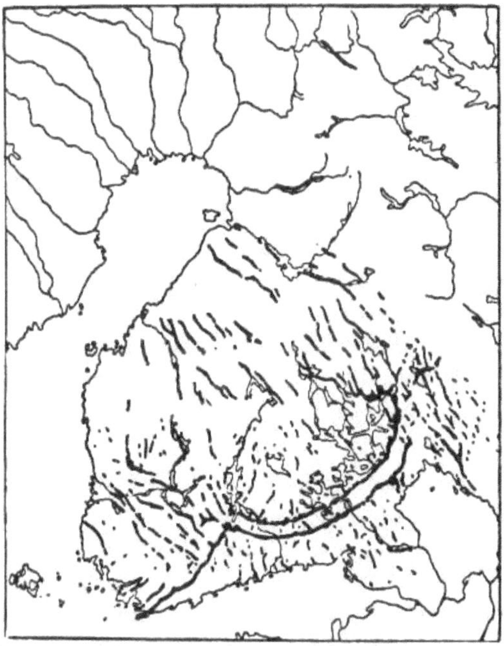

Karte der Åsar und Endmoränen im südlichen Finnland. Im S. der Doppelbogen des Salpausselkä.

Die Endmoränen, auch als „Queråsar" bezeichnet, bestehen aus Geröllkies und Sand, mit Einschaltungen von Moränengrus und großen Blöcken. Die berühmteste Endmoräne ist der Salpausselkä, der sich aus zwei Bogenstücken zusammensetzt, von Hangö nach Lahtis und von da im großen Bogen bis nach Karelien hinein verlaufend. Die Moräne steht in ihrem Verlauf immer rechtwinklig auf die Schrammenrichtung.

Die Landschaftsformen der Halbinsel Kola, Russisch-Kareliens zeigen im allgemeinen große Ähnlichkeit mit denen des nördlichen und mittleren Finnland: abgerundete Berge von altem Gestein, Moränenhügel, Åsar, Sandfelder und Torfmoore, dazwischen zahlreiche Seen und kleine Gewässer; auf denjenigen Felsen, die von den säkularen Verwitterungsprodukten gesäubert sind, charakteristische abgerundete Formen mit moutonnierten Stoß- und schroffen Leeseiten.

Murchison beobachtete südlich und südöstlich vom Weißen Meere Geschiebelehm und -sand mit finnischen und lappländischen Gesteinen, den Schrammen korrespondierend transportiert.

Auf der Halbinsel Kola zeigen die Täler nach Ramsay meist einen von den Bewegungsrichtungen des Eises unabhängigen Verlauf oder sind als schon existierend von den Eismassen benutzt worden.

Es sind hier zwei verschiedene Bewegungsrichtungen zu erkennen: eine gegen Nordost, nach dem Eismeer, und eine nach Südost zum Weissen Meer und in diesem längs der Süd- und Ostküste von Kola. Aus den Schrammen in der Nähe des Golfes von Kandalakscha folgert Ramsay, daß ein Eisstrom des Weißen Meeres während aller Vereisung existiert hat, aber zu verschiedenen Zeiten ungleich mächtig war. Ramsay glaubt nicht, daß die nordöstlich und die südöstlich gerichteten Eisströme gleichzeitig gewesen sein können.

An den vor späterer Erosion geschützten höheren Stellen Kolas findet sich die unveränderte Grundmoräne in dünnerer oder dickerer Schicht auf dem festen Gestein, in den Tälern und Flachländern ziemlich mächtig und zusammenhängend. Auf den Hochplateaus hört die Moräne bei 400 bis 600 m auf. Endmoränen sperren auf Kola einige Fjordtäler der Nordküste ab.

Geröllsand findet sich vielfach, teils als Umarbeitung aus Moräne in Uferbildungen, teils fluviatil in Åsar; auf Kola fand Ramsay keine Åsar, dagegen hohe Deltaterrassen, welche mehrere der Flußmündungen an der Murmanküste umgeben; dieselben haben sich wohl bei einer früheren Landsenkung gebildet, als die Flüsse wasserreicher waren als jetzt (in der Abschmelzzeit des Landeises). —

Nächst den bisher besprochenen zentralen Gebieten des nordeuropäischen Inlandeises wollen wir nunmehr Umschau halten über die weiter nach den randlichen Grenzen gelegenen Länder.

Rußland.

Das 3000000 qkm bedeckende Quartär des europäischen Rußland wird von Nikitin in sechs einzelne Gebiete eingeteilt, deren Typen er folgendermaßen schildert:

1. Finnland und Olonetzgebiet:

Charakterisiert durch die deutlichen Spuren der Vereisung; Schrammen und Rundhöcker, mächtige Entwickelung der Grundmoräne, Åsar, Endmoränen, glaziale Seebecken. Ablagerungen dem Alter nach: geschichtete Sande und Tone, ungeschichtete Moränentone und -kiese (Grundmoräne), geschichtete Sande und Tone, toniger Kies (Kroßstensgrus, Grundmoräne der „zweiten Vereisung"), weiter Endmoränen, Åsar, Sand und Ackerton.

Mammut ist hier nur ganz selten gefunden worden, im Spät- oder Postglazial; der Mensch trat erst nach dem Mammut auf, und zwar der neolithische.

Gegen Ende des Quartärs bestand eine Verbindung der Ostsee mit dem Weißen Meer über den Ladoga und Onega.

2. Baltische Provinzen und Waldai: Übergangstypus.

Die Gletscherspuren der Gebirgsgegenden verschwinden, wenn auch noch Schrammen bisweilen auf dem Kalkstein zu beobachten sind; Moränenmaterial aus fremden und lokalen Elementen zusammengesetzt, nur eine Grundmoräne; Åsar nehmen nach der Grenze zu ab. Südliche Grenze Waldaiberge mit dem Seenreichtum und der Moränenlandschaft.

Ablagerungen: geschichtete Sande mit Blöcken, als Auswaschreste der Moräne, selten; Grundmoräne, sandig oder lehmig, Åsar, Endmoränen und Moränenlandschaft, obere Sande, kleine isolierte Becken. Postglaziale Süßwasserablagerungen sind Sande, Bändertone, Wiesenmergel, Torf.

Mammut noch nicht häufig; andere Säugetiere nur in postglazialen Ablagerungen, als spätere Einwanderer (gegenüber dem zentralen Rußland). Mensch nicht paläolithisch, dagegen häufige neolithische Funde.

3. Polen und Litauen (Westrußland zum Teil): Ganz analog den Ablagerungen in Preußen.

Zwei Moränen, eine untere und eine obere, dazwischen „interglaziale" geschichtete Tone und Sande; bedeckt werden die glazialen Ablagerungen von geschichteten Sanden oder Tonen spät- und postglazialen Alters. Gut entwickelt ist dieser Typus in Kurland, Wilna und Grodno, im Süden verschwindet er in den Sümpfen und Sanden von Polessié.

Mammut wenig häufig; in Polen wurde der paläolithische Mensch gefunden, der mit Mammut und Höhlenbär gleichzeitig lebte.

4. Zentralrußland:

Typisch sind drei Formationen: Eine einzige, verschieden mächtige Moräne, bestehend aus sandigem oder mergeligem Geschiebelehm, welcher die Landschaftsformen bedingt; bisweilen bedeckt von oberen ungeschichteten Geschiebesanden (Auswaschungsprodukte der Moräne); ferner untere Geschiebesande, geschichtet, subglazial oder fluvioglazial; bisweilen ersetzen sie die Moräne, bilden weite Strecken an den Grenzen der quartären Ablagerungen (ähnlich den Sandr). Häufig sind auch lokale präglaziale Süßwasserbildungen. Im Süden über den Moränenablagerungen Löß, am Ende der Glazialepoche gebildet. Auf den Moränen auch Süßwasserbildungen, welche die Hauptfundpunkte der zentralrussischen Mammut- und Rhinocerosfunde sind. Sie entsprechen also der zweiten Hälfte des Glazials oder dem Spät- und Postglazial. Auch die Flußtäler und ihre Alluvionen sind hier einfacher Zusammensetzung, einige Täler sind präglazialen Ursprungs.

Mammut und Rhinoceros kommen außerordentlich häufig auf primärer Lagerstätte vor.

An der Grenze der Ausbreitung der erratischen Blöcke dehnt sich in Bogen ein Streifen von Löß aus, und zwar auf den Moränenablagerungen. Endmoränen sind hier sehr wenig entwickelt. Unter den Moränenlagerungen treten oft, besonders im Süden, präglaziale Süßwasserbildungen auf, die in den Streifen der folgenden südlichen Zone übergehen. Die Oszillationen des Eisrandes haben zum Teil komplizierte Verhältnisse geschaffen.

Auch postglaziale lacustre und fluviatile Ablagerungen trifft man hier. In den Tälern sind Terrassen entwickelt (die oberen die ältesten), mit Resten des prähistorischen Menschen.

Mammut in der Lößregion und einigen alten lacustren Ablagerungen sehr häufig. Auch vom paläolithischen, mit Mammut zusammen lebenden Menschen sind Nachweise vorhanden.

5. Gebiet der südrussischen Steppen:

Außerhalb der Grenze der Vereisung: Mächtige Entwickelung des Löß, typischer oberer mit terrestrischer Fauna und unterer geschichteter mit Land- und Süßwassermollusken. Unter dem Löß oft mächtige Süßwasserablagerungen von lacustren und fließenden Gewässern (parallel den glazialen Ablagerungen im Norden).

Mammut und Mensch sehr häufig (paläolithisch unsicher).

6. Südost-Rußland:

Östlich der Wolga treten die Ablagerungen der alten Kaspischen Transgression hinzu, die Brackwasserablagerungen bilden die Basis der quartären Bildungen, brauner Ton Flußterrassen, selten in Löß übergehend, oft in Sande; der Ton ist an die Gehänge der Täler gebunden, verschwindet auf dem Plateau. Die höchsten (ältesten) Terrassen führen in enormer Masse Knochen von Mammut, Rhinoceros, Elasmotherium, *Bos primigenius* u. a.

Über die Ostseeprovinzen verdanken wir besonders Grewingk und Fr. Schmidt Kenntnis:

Die Richtung der Schrammen hält sich im allgemeinen an die vorherrschenden Talrichtungen; es scheint, daß die Verschiedenheit in der Schrammenfrequenz vorzugsweise von dem Relief des älteren Untergrundes abhängig ist.

Die Bewegungsrichtung hat um 150° geschwankt. Man kann zwei Gruppen von Schrammen unterscheiden: eine ältere mit (starken, langen, geglätteten) Furchen, die zwischen NW.—SO. und N.—S. streichen und eine jüngere mit (meist schwächeren, kürzeren und wenig veränderten, daher rauhen) Ritzungen, deren Richtung zwischen WNW.—OSO. und ONO.—WSW. verläuft. Ein Zurückführen der beiden Schrammengruppen auf zwei verschiedene Eisperioden ist schwierig.

Rundhöcker, die in Finnland vorkommen, sind in Est- und Livland durch wellige Oberflächen vertreten, gemäß der verschiedenen Beschaffenheit des vom Eise überzogenen alten Bodens.

Die Seen sind alte Talbildungen. Riesentöpfe, in Finnland zahlreich, sind hier nur vereinzelt.

Die Moräne kommt in zweierlei Ausbildung vor, einer unteren und einer oberen Abteilung. Die Landschaft des Geschiebemergels zeigt zwei Typen, die oberen Hochflächen und die stark wellige Grundmoränenlandschaft.

Durch Zerstörung des vorquartären Bodens ist eine Lokalmoräne gebildet, deren Geschiebe aus dem unterliegenden Gestein gebildet sind; hierzu gehört der „Richk“ oder „Plink“ in Est- und Livland. Der Richk geht nach oben durch weiteren Transport und Mischung mit nordischen Gesteinen allmählich in den gewöhnlichen Geschiebelehm mit gekritzten Geschieben über. Mit ihm hängen auch Stauchungserscheinungen zusammen.

Kroßstensgrus, Decksand, Geschiebesand, bei welchem die lehmigen Bestandteile zurücktreten, ist über ganz Estland verbreitet, der Geschiebelehm dagegen viel seltener; in den Gegenden südlich vom Ladoga scheint er eine größere Verbreitung zu haben. Die Oberfläche des Kroßstensgrus bildet meist ganz flache Felder; gewisse Gegenden sind von unregelmäßigen Hügeln eingenommen und bilden deutliche Moränenlandschaft. In ganz ebenen Gegenden ist der Geschiebelehm meist wenig mächtig, an manchen Stellen ist er nur noch durch Blöcke bezeichnet, in hügeligen Gegenden erreicht er stellenweise 30 m Dicke.

Die großen erratischen Blöcke sind durch Helmersen bekannt.

Verschiedene Bohrungen in Kurland zeigen eine recht wechselnde Mächtigkeit des Diluviums an, sie wechselt zwischen 5 m, 28 und 44 m.

Doss beschrieb in Livland und Nikitin an der Bahn Witebsk-Porchow Drumlins, langgestreckte Rücken oder rundliche Hügel, welche sich aus Grundmoränenmaterial aufbauen und in paralleler Scharung dieselbe Richtung einnehmen wie die einstige, durch die Schrammen angedeutete Bewegung des Eises (SSO. und SO. verlaufend). Sie sind hier durchschnittlich 1 bis 2 km lang, steigen nur sanft an und erreichen eine Höhe von 10 bis 15 m.

Die Åsar oder Geschiebehügel im weiteren Sinne treten in den mannigfachsten Formen auf; Schmidt unterscheidet zwei Typen, die ineinander übergehen: 1. mehr oder weniger kurze und unregelmäßige Hügel, wie sie in jeder Moränenlandschaft vorkommen, „Croßåsar", wohl mit den Drumlins zu vereinigen; sie treten meist nicht sehr scharf aus der Ebene hervor und bestehen meist aus Richk oder steinreichem Geschiebelehm, zum Teil mit Spuren von Schichtung; sie machen den Eindruck von auf- und nebeneinander ohne Ordnung aufgeworfenen Schutthaufen. 2. Die echten Rullstensåsar oder Grandrücken sind langgestreckt (mit Unterbrechungen bis 40 Werst lang), meist schmal, hoch und steil, vergleichbar einem Eisenbahndamm.

Als Åsar sind in Livland die sogenannten „Kanger" durch Doss erkannt worden. Es sind aus gerolltem Material bestehende, meist dammförmige Hügelzüge, die sich außerhalb des eigentlichen Hochlandes, im ebenen bis flachwelligen Diluvialgelände hinziehen; ihr Verlauf geht hier nicht parallel der Glazialschrammung.

Auch typische Endmoränen sind in diesem Gebiete nachgewiesen:

In der „Kurischen Schweiz" und anderen Orten wies v. Toll typische Endmoränenzüge nach; auf sie zu laufen Åsar.

In den Gouvernements Minsk, Wilna und Witebsk hat Fräulein A. Missuna Endmoränen auf weite Erstreckung nachgewiesen, zum Teil als deutliche, sehr scharf ausgeprägte Höhenrücken von Grus oder Moräne, bedeckt von Moräne und Blockpackung, mit angrenzenden Sandgebieten. Ihr Bau weist die verschiedenen Typen der Endmoränen auf (darunter Staumoränen, Steinbeschüttung, Grundmoränenrücken); Åsar und Drumlins finden sich in der hinterliegenden Landschaft.

Die Endmoränen bilden hier zwischen Wilna und Minsk einen nördlichen und südlichen Flügel, welche das Flußgebiet der oberen Wilija umschließen; im Osten sind sie durch mehrere hintereinander gelegene Verbindungsbogen vereinigt, welche die Wasserscheiden zwischen Wilija und Beresina nebst Ulla bilden.

Missuna hält die beschriebenen Endmoränen für Randmoränen einer selbständigen Eiszunge des Wilijagletschers, wobei der östliche Verbindungszug dessen eigentliche Endmoräne ist, der Nordflügel die interlobale Moräne zweier Gletscher (Wilija- und Düna-), der südliche Flügel eine Seitenmoräne des Wilijagletschers darstellt.

Glinka beschreibt ebenfalls Endmoränen (mit vorliegendem Sandr) aus dem Gouvernement Pskow bei Jedrowo. Seine schönen Abbildungen zeigen die wallartige, an Blöcken reiche Bildung in ganz mit den deutschen Endmoränen übereinstimmender Weise.

Geschichtete Diluvialbildungen, insbesondere die Sande, sind weit verbreitet. Bei Zunahme des mechanisch zerkleinerten Materials gewannen von Norden nach Süden die geschichteten Massen an Mächtigkeit.

Sehr interessant ist das geschiebelose Gebiet im südlichen Polessien zwischen den Flüssen Buh und Usch, ähnlich der amerikanischen driftless area, zwischen zwei Inlandeiszungen: Sandige Ebenen mit Mooren oder eigenartige Granitfelder mit Produkten mechanischer Verwitterung; sandige Åsar und hufeisenförmige Dünen bedecken das Gebiet. Es verdankt sein Dasein dem Einfluß des vorglazialen Reliefs, indem die nördlich von jenem Gebiet befindlichen Höhen die Bewegung des Landeises aufhielten und die Entstehung des geschiebefreien Gebietes hervorriefen. —

Auf der zur Fennoscandia zugehörigen Insel Bornholm wies Johnstrup zwei Systeme von Schrammen nach, ein älteres auf dem Granitgebiet, mit der Richtung NO.—O. zu SW.—W. und ein jüngeres auf dem südlichen und niedrigeren, niedriger als 70 m gelegenen Teile der Insel, wo die Streifen eine bogenförmige Richtung um den Südrand des Granites haben, so daß sie von ONO.—WSW. bis OW. und weiter im Westen SO.—NW. laufen; nach Böggild läuft das ältere System von NO., das jüngere von OSO.

Das jüngere System schreibt Johnstrup dem Treibeis zu, das untere dem Inlandeis. Böggild glaubt alle beide auf den baltischen

Eisstrom zurückführen zu müssen; die Schrammen auf dem südlichen Teile der Insel stammen aus der Zeit, als das Eis schwächer geworden war und die höheren Teile der Insel nicht mehr zu übersteigen vermochte, sie vielmehr als Nunatakr umfloß.

Die Granitmassen des nördlichen Inselteiles (z. B. bei Hammerhus) bilden gewaltige Rundhöcker, die Schrammen sind ausgezeichnet auf freigelegten Granit- und Silurkalkoberflächen zu beobachten.

Der Geschiebemergel wird auf Bornholm bis über 12 m mächtig. Seine unteren Lager führen in großer Zahl scharfkantige Bruchstücke ihrer jeweiligen Unterlage, so daß sie sich der Lokalmoräne, dem „Kroßstensgrus", nähern, in den oberen überwiegen die skandinavischen Geschiebe.

Dänemark.

Die Mächtigkeit des Diluviums schwankt im nördlichen Seeland zwischen 19 und 88 m; im nördlichen Vendsyssel wird sie über 80 bis 100 m. Eine ausnahmsweise bedeutende Mächtigkeit fand sich bei Mors bei Nyköping mit über 155 m.

Der Geschiebemergel, Moränenlehm, Rullstensler, ist im östlichen und südlichen Teil weit verbreitet, kommt aber auch im Nordwesten vor. Bisweilen treten zwei oder mehr getrennte Bänke auf.

Der äquivalente steinige Sand nimmt im Westen große Strecken ein, auf den Inseln ist er seltener und bildet meist nur eine 0,6 bis 1,5 m starke Decke auf dem Moränenton.

Die losen Blöcke, Feldsteine, spielen auch hier eine wichtige Rolle.

Die Steine sind meist Scheuersteine, zuweilen auch Rollsteine oder, wie häufig der Feuerstein, nicht abgenutzt. Das Material ist skandinavisches oder einheimisches, am gewöhnlichsten sind roter und grauer Granit und Gneis, Dalaporphyr, die verschiedenen Diabase und Diorite, Rhombenporphyr; cambrische Sandsteine von Norwegen und Schweden, grauer und roter Silurkalk, Gotländer Kalk. Daneben kommen mehrfach auch seltene Geschiebe vor, die von besonderem Interesse sind, z. B. Bernstein, Faxekalk, Juragesteine und andere. Zu den lokalen Findlingen gehört der Feuerstein, Saltholmskalk, Faxekalk, die Schreibkreide und auch große Blöcke und Fetzen von Sand oder Ton. Zum Teil kommen so große zusammenhängende Brocken von Kreide vor, daß man sie wohl auch für anstehend gehalten hatte; immer aber zeigt dann die Kreide starke Zerdrückungserscheinungen.

Schrammen sind in Dänemark nur bei Faxe, Kjöge, Kopenhagen und Grenaa bekannt.

Beachtenswert sind die geschrammten Steinpflaster als Beweis für das vollkommene Durchfrieren des Untergrundes; bei Kopenhagen fand man zu unterst in dem Moränenlehm viele Cubikfuß große skandinavische Granit- und Gneisblöcke, die alle auf der Oberfläche geglättet und in derselben Richtung geschrammt waren wie der unterliegende Saltholmskalk.

Nachdem schon Forchhammer im Jahre 1835 und Johnstrup 1875 auf die Endmoränen in Jütland hingewiesen hatten und Johnstrup auch die Umbiegung derselben nach Westen gezeichnet hatte, ist jetzt durch Ussing der zusammenhängende Verlauf derselben konstatiert und kartographisch fixiert worden:

Die Endmoräne schließt sich an den Schleswiger Zug in nordsüdlichem Verlauf unmittelbar an, um dann bei Dollerup (im nördlichen Jütland) scharf nach Westen umzubiegen und südlich von Lemwig nach der Nordsee auszulaufen. Außerhalb derselben schließt sich typische fluvioglaziale Heidelandschaft an, mit ihrem späteren Entwässerungssystem, innerhalb herrscht typische Moränenlandschaft, zum Teil mit zahlreichen kleinen Seen und Depressionen, oder langgezogenen Seenwannen, auch Spuren von „totem Eis“ zeigend.

Großartige Schichtenstörungen, welche auf Wirkung des Inlandeises zurückgeführt werden, sind an zahllosen Stellen Dänemarks bekannt, besonders in den kupierten Teilen des Landes.

An der Nordwestküste von Mors liegt z. B. fast horizontal zwischen Diluvialschichten eine 18 bis 30 m dicke Schicht von tertiärem Moler, auf 175 m Länge entblößt. Auch sogenannte „interglaziale“ Ablagerungen, besonders der Cyprinenton, finden sich allermeist in stark gestörter Lagerung, schollenartig zerrissen oder im Geschiebemergel eingeschaltet.

Bisweilen handelt es sich bei solchen Erscheinungen wohl nicht um glaziale Druck- und Stauchungserscheinungen, sondern um tektonische Dislokationen. Ein schönes Beispiel ist die Kreideinsel Möen.

Die geschichteten Ablagerungen, Sand und Ton, sind großenteils als Hvitåbildung anzusehen und daher fossilfrei.

Der Rullstensgrus ist nicht sehr weit verbreitet.

Der Diluvialsand ist weit verbreitet, an der Oberfläche wie in der Tiefe.

In manchen Sanden finden sich Anhäufungen von Bernstein und Kohle und anderen Pflanzenresten (die Kohlen stammen wohl meist aus den schwedischen Juralagern).

Die unteren Sande bilden bisweilen langgestreckte Erhebungen, ähnlich den „Durchragungen".

Der Diluvialton ist bläulichgrau, nahe der Oberfläche gelb durch Verwitterung, sein Kalkgehalt ist ähnlich dem des Moränentons, immer hält er feinen Sand in verschiedenen Mengen. Sein Vorkommen entspricht kleineren, von „Hvidaaerne" durchströmten Seen.

Sehr häufig ist der eigentümliche „Brockenton", durch Eisschub (bisweilen auch durch große Blöcke) in Breccienform gebrachter gewöhnlicher Ton; er besteht aus kleinen, eckigen, bunt durcheinander gewürfelten Tonbruchstücken, deren jedes deutlich geschichtet und von glänzenden Flächen begrenzt ist.

Die Åsar, hier Aase genannt, finden sich ebenfalls.

Der Sand der Aase ist geschichtet, von der Mitte nach beiden Seiten geneigt; oft herrscht auch Grus vor und häufig eine Decke von Moränenlehm oder -sand; auch große Blöcke. In der Verlängerung der Aase findet sich häufig eine Sandebene.

Norddeutschland.

Das norddeutsche Tiefland ist fast ausschließlich von den Ablagerungen des Quartärs gebildet, nur als geringfügige Inseln ragen kleine Flecken älteren Gebirges aus der allgemeinen Decke dieses früher sogenannten „Schwemmlandes" hervor. Die Quartärablagerungen sind es, welche der Landschaft wie der Bevölkerung ihr eigenartiges Gepräge verleihen.

Eine Angabe der durchschnittlichen Mächtigkeit ist zurzeit noch untunlich, oft übersteigt sie 100 m, manche der bis zu 200 m betragenden Mächtigkeitswerte sind wohl auf Ausnahmserscheinungen zurückzuführen. Eine allgemeine Abnahme der Mächtigkeit von Norden nach Süden ist naturgemäß.

A. Moränenbildungen.

Der Geschiebemergel bzw. -lehm hat in Norddeutschland eine sehr allgemeine Verbreitung; er bildet hier die fruchtbaren Böden.

Die Geschiebe, Findlinge, erratischen Blöcke, Felsen, sind vielfach die bekannten „Scheuersteine“.

Sie sind in vielen Gegenden des norddeutschen Flachlandes von großer technischer Wichtigkeit und werden abgesammelt zu Bau- und Chausseesteinen; ihre Menge ist so groß, daß sie im Flachlande das ausschließliche Material für Chausseebauten liefern. (Eine Vorstellung von der ungeheuren Menge des Geschiebematerials gibt die Berechnung des bisherigen Verbrauches für Chausseen allein in Mecklenburg-Schwerin, nämlich 1 650 000 cbm.)

Recht auffällig ist die Erscheinung, daß an manchen Stellen eine besondere Anreicherung einer bestimmten Art von Geschieben vorkommt, z. B. von Silurkalk, Kreide oder Kreidefossilien. Man hat sich diese Erscheinung so zu erklären, daß an die betreffende Stelle größere Schollen verfrachtet wurden, die später zerfallen sind.

Bisweilen liegen auch ganze Schollen von einheimischem Gestein als Erratica im Geschiebemergel, die zur Verwechselung mit Anstehendem Veranlassung geben können. Meistens stammen dieselben aus nicht sehr bedeutender Entfernung und stehen in Zusammenhang mit einer „Lokalmoräne“ oder sind nur von dem benachbarten Anstehenden durch tiefes Eingreifen des Glazials getrennte Stücke. Nach Jentzsch sind die großen Schollen älteren Gebirges, die im Diluvium vorkommen, ebenso wie vielleicht manche untere Diluvialmassen im Oberen, als Überschiebungen zu betrachten, wobei sich das Inlandeis wie ein Gestein verhielt: vertikaler Druck des Eises, bei beweglicher Unterlage seitliche Verschiebung waren die Ursache jener oft zunächst sehr auffälligen Erscheinungen.

Im allgemeinen stammen die norddeutschen Diluvialgeschiebe aus Skandinavien und zwar meist aus Schweden und den Ostseeinseln, weniger häufig aus den russischen Ostseeprovinzen und aus Norwegen (skandinavische Findlinge). Dazu kommen Geschiebe, welche vermutlich ihren Ursprung in jetzt von der Ostsee eingenommenen Gebieten haben (baltische Findlinge), und endlich solche, welche dem norddeutschen Boden entnommen sind (einheimische Findlinge). Letztere werden um so häufiger, je weiter südlich man kommt. (Hierher gehören unter anderem Kreide und Feuerstein, versteinerungsführende Gesteine des Teutoburger Waldes, von Dortmund und Münster, die verschiedenen Juragesteine, Wealden, Muschelkalk, Eocän, Septarien, die oberoligocänen „Sternberger Kuchen", das miocäne „Holsteiner Gestein", Bernstein, die zahlreichen Kieselhölzer, die Grauwacken der Leipziger Gegend, die Porphyrtuffe von Rochlitz, Basalt von Stolpen i. S., vom Weinberg bei Jauer u. a. m.)

Seit langer Zeit sind die Geschiebe Gegenstand wissenschaftlicher Untersuchungen und zwar nach der Richtung ihrer petrographischen oder faunistischen Verhältnisse, wie nach der Frage ihrer Ursprungsgebiete.

Für die Heimatsbestimmung der Geschiebe dienen manche charakteristische Gesteine, welche ein eng beschränktes Vorkommen haben; viele derselben, besonders von den kristallinischen, können danach als „Leitblöcke" dienen.

Die Hauptmasse der norddeutschen Geschiebe ist durch einen Eisstrom verbreitet worden, der sich von Norden nach Süden im Bottnischen Busen vorgeschoben hat und von Nordwesten her aus den schwedischen Landschaften Angermanland und Jemtland seitliche Zuflüsse erhielt. Er überschritt die Ålandsinseln und breitete sich von dort, der größeren Erweiterung des Ostseebeckens entsprechend, radial nach Süden zu aus. Südlich von den Ålandsinseln erhielt er Zuflüsse aus Dalarne und der östlichen Hälfte des weiter südlich gelegenen Schweden. Das die westlichen Teile Norddeutschlands überziehende Eis folgte nach dem Überschreiten der Ålandsinseln der schwedischen Küste bis etwa zur Nordspitze der Insel Öland, um dann wieder auf das schwedische Festland zu treten; indem es aus der NNO.—SSW.- in eine NO.—SW.-Richtung überging, behielt es dieselbe von Schonen bis zum Unterrhein bei. Die Pommern erreichende Partie des Eises rückte von den Ålandsinseln an im Ostseebecken gegen SSW. vor und überschritt dabei den Kalmarsund, die Küste von Småland und die Inseln Öland, Gotland und Bornholm. Nach Königsberg gelangte der Hauptstrom von den Ålandsinseln aus in N.—S.-Richtung. Innerhalb des norddeutschen Flachlandes breiteten sich die Inlandeismassen radial aus.

Verhalten der Moräne zu ihrem Untergrund.

α) Gletscherschliffe. An einigen Stellen im norddeutschen Tieflande sind Glazialschrammen (und zum Teil auch Rundhöcker) bekannt.

Dabei beobachtet man zuweilen zwei sich kreuzende Schrammensysteme von verschiedenem Alter. So hatte in Rüdersdorf das ältere System (mit nur wenig tief eingeritzten, meist vereinzelt auftretenden und oft völlig abgeschliffenen Schrammen) im

Mittel die Richtung NNW.—SSO., das jüngere (oft nur allein vorhandene, mit sehr deutlichen und tief eingeritzten Schrammen) die Richtung O.—W.; bei Hundisburg fanden sich scharfe, von der Richtung Nord 43° Ost nach Süd 43° West und vereinzelte ältere von Nord 68° Ost.

Da die Schrammen stets ziemlich nahe der Oberfläche unter nur dünner Moränenbedeckung beobachtet worden sind, so ist die Frage schwer zu entscheiden, ob sie einer älteren oder jüngeren Vereisung angehören. Die Ansicht, daß die O.—W.-Schrammen einer O.—W.-Bewegungsrichtung des Eises und zwar zur zweiten Ausbreitung des Inlandeises entsprächen, hat Wahnschaffe widerlegt; nach ihm läßt sich ein O.—W. gerichteter Eisstrom weder für die erste, noch für die zweite Vereisung aufrecht erhalten. Diese jüngeren O.—W.-Schrammen zeigen nur lokale Abweichungen von den radialen Hauptstromrichtungen des Inlandeises an; in Sachsen haben aufragende Kuppen älteren Gesteins die Bewegung des Eisstromes verschiedentlich beeinflußt.

β) Ungestörter Untergrund. Sehr häufig zeigt die Moräne eine einfache Auflagerung auf ihrem Untergrund. Auf dem älteren Untergrund oder auf losen Sand- oder Tonschichten ruht der Geschiebemergel in konkordanter Lagerung, oft ist seine untere Partie durch Wasser zu Kies, Sand oder Ton umgearbeitet; vielfach überkleidet der Geschiebelehm die welligen Unebenheiten des Untergrundes, ohne sie abgehobelt und planiert zu haben. In anderen Fällen bedeckt er schräge Sandschichten geradlinig und ohne Störung, wahrscheinlich war er hier auf fest gefrorenem Boden abgelagert.

γ) Schichtenstörungen. Häufig ist der Untergrund aber auch gestört; seine oberflächlichen Partien sind zusammengestaucht, schleifen- und zungenartig gefaltet und ausgezogen, zerrissen und verschleppt, der Geschiebemergel bzw. Blocklehmkies greift in Buchten oder Zacken in den Untergrund ein, zeigt Pressungserscheinungen u. a. m. (s. Fig. 7).

Zu den Erscheinungen, welche mehr oder weniger auf tektonische Störungen zu beziehen sind, gehören die der Kreide von Wollin und Rügen.

δ) Riesenkessel. Analog dem Vorkommen von Riesenkesseln in anderen Gebieten findet man auch in Norddeutschland einige, wenn auch infolge der wenig geeigneten Beschaffenheit des Untergrundes nur selten (einige als solche bekannte Erscheinungen mögen auch zu den sogenannten geologischen Orgeln gehören, auf die auflösende Tätigkeit des Wassers zurückführbar). Berühmt sind die (zum Teil noch fraglichen) Riesenkessel von Rüdersdorf, ferner bei Gommern.

Fig. 7.

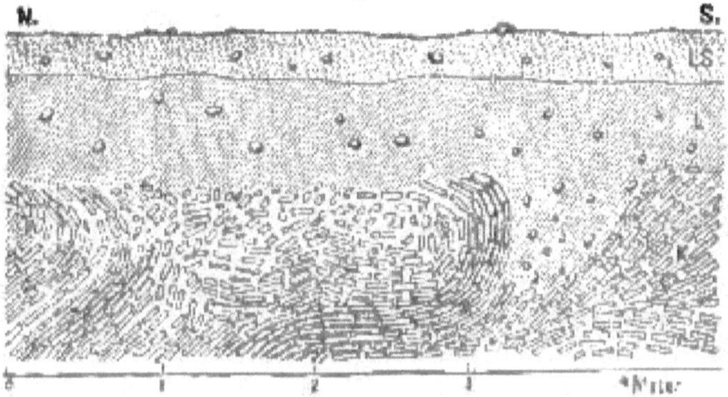

Schichtenstörung des Muschelkalkes bei Rüdersdorf (nach Wahnschaffe). LS lehmiger Sand. L Lehm. LM Lokalmoräne. K Schichtenköpfe des Muschelkalkes, gestaucht.

B. Sedimente.

Die geschichteten Bildungen nehmen in dem norddeutschen Diluvium mindestens dieselbe Mächtigkeit ein wie die Geschiebemergelablagerungen.

Diese Sedimente stehen entweder in engstem Zusammenhang mit den nordischen Moränenabsätzen — es sind die „fluvioglazialen" Absätze — oder es sind selbständige Ablagerungen einheimischer Gewässer, und zwar von Flüssen, Seen oder dem Meere — extraglaziale Bildungen — zwischen beiden kommen in dem „gemengten Diluvium" Übergänge vor.

Die einheimischen Gewässer werden, besonders in den Grenzgebieten, auch Material von Süden zugeführt haben. Nach Credner zeichnet sich die Lausitzer Randfacies durch den wesentlichen Anteil aus, den einheimisches Material an seiner Zusammensetzung nimmt, der so weit gehen kann, daß die Sande durch aufgearbeitete feuersteinführende, aber sonst vollkommen reine Granitgruse oder Braunkohlensande und Tone ersetzt werden können.

Einfluß auf die Oberflächengestaltung.

Die Gebiete der Moränenablagerungen im norddeutschen Flachlande zeigen zwei verschiedene Moränenlandschaftstypen:

1. „Moränenebene" (Moränenplateau), ausgedehnte Hochflächen, eben und ungegliedert oder schwach wellig, meist von der Oberen oder Innenmoräne gebildet; bisher als „Grundmoränenebene" bezeichnet.

2. „Endmoränenlandschaft" (Moränenlandschaft im engeren Sinne), stark hügelig, unregelmäßig bewegt, reich an geschlossenen Depressionen.

Als eine dritte Art hat Keilhack die Drumlin- oder „Rückenlandschaft" eingeführt, die eine Abart der Moränenebene in der Nähe der Endmoränen vorstellt, den Verhältnissen in den voralpinen „Zungenbecken" analog.

Fig. 8.

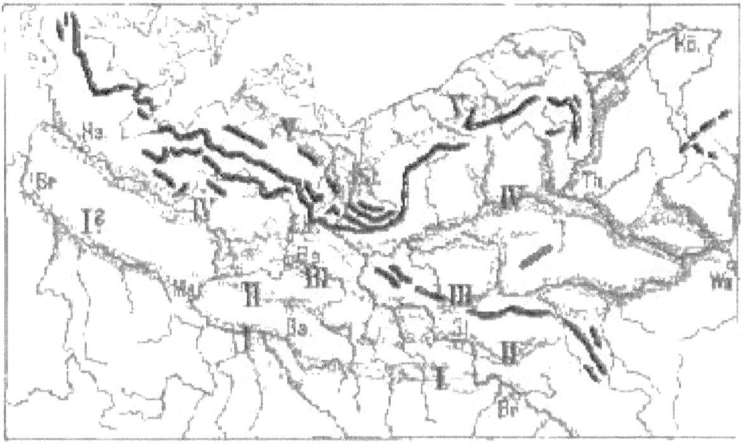

Karte der Endmoränenzüge und Urstromtäler in Norddeutschland. (Aus Kaysers Lehrbuch der Geologie.)

Im norddeutschen Flachlande sind deutliche Endmoränen auf die Länge von mehr als 1000 km nachgewiesen, besonders deutlich im Gebiet des baltischen Höhenrückens (sogenannter südbaltischer Endmoränenzug).

Der bisher bekannte Verlauf der norddeutschen Endmoränen folgt im allgemeinen der südlichen Umrandung des Ostseebeckens. Dabei erscheint noch nach Osten hin eine Auflösung in mehrere, sich ostwärts immer weiter voneinander entfernende Arme oder Gabeln der Moränenzüge.

Im großen wie im kleinen setzt sich der Zug aus mehreren, aneinandergereihten Bogenteilen zusammen (mit den konvexen Seiten nach Süden); besonders die kleineren Anteile zeigen vorzüglich die Bogenform, welche unzweideutig die Endigungen der einzelnen Gletscher erkennen läßt. An der Vereinigungsstelle solcher Bogen bildet die Endmoräne oft einen weit rückwärts, parallel der Bewegungsrichtung laufenden Rücken, den man als Ås oder als „Zwischenmoräne" betrachten möchte.

Nördlich von der fast zusammenhängenden nördlichen Hauptendmoräne liegen teilweise Reste einer etwas jüngeren; südlich davor erstreckt sich eine zweite Hauptmoräne in parallelem Verlauf, welche in Schleswig zum größten Teil zerstört, von Holstein an aber bis zur Oder deutlich zu verfolgen ist. Dazwischen finden sich häufig noch kleinere Reste, Geschiebestreifenanteile. In Mecklenburg waren zuerst vier hintereinander liegende Endmoränenstaffeln erkannt worden[1]), von denen die beiden am deutlichsten entwickelten die „nördliche und südliche Hauptendmoräne" genannt wurden. Als Fortsetzung der südlichsten (der ältesten von den vier Zügen) sind neuerlich durch Gagel die bedeutenden Höhen bei Geesthacht, des Hasenberges bei Lauenburg und bei Bengerstorf bestimmt worden.

In Holland, nördlich vom Harz, in Sachsen, im Fläming und in der Lüneburger Heide sind endlich weitere Spuren älterer Endmoränen gefunden.

Als eine besondere Eigentümlichkeit der Endmoränen sind neben dem Vorkommen zug- und wallartig auftretender Blockanhäufungen oder Blockstreuung die Bodenformen (Moränenlandschaft) zu nennen. Zu bemerken ist auch, daß die Endmoränen unabhängig von der Höhenlage des Geländes sind, sie setzen über bedeutende Höhen, wie durch Täler gleichmäßig fort.

Es sind Züge von einzelnen oder aneinandergereihten Rücken und Kuppen von sehr verschiedener Länge, bald Kegel und kurze Rücken, bald kilometerlange Wälle mit Unterbrechungen durch Kessel oder kleine und große Täler; auch verbunden durch breite und schmale Flächen von Stein- und Blockbestreuung.

Der mannigfaltige innere Bau der Endmoränen ist fast ausnahmslos ausgezeichnet durch einen ganz hervorragenden Reichtum an erratischen Blöcken und Geschieben, unter denen solche von den größten Dimensionen vorkommen. (Allerdings ist die Blockpackung nicht ständiger Begleiter.) Die Einzelrücken bestehen entweder aus Blockpackung, durchspültem Moränenkies, mit gar keiner oder undeutlicher grober Schichtung oder aus Grand und Geröll mit Sanden in diskordanter Parallelschichtung und Stauchung oder auch aus Sanden oder Ton, die neben einfacher, der Hügelkontur folgender Übergußschichtung sehr oft eine einseitige Schichtenaufrichtung oder gewaltige Stauchung zeigen, endlich findet sich wohl auch im Kern ein Teil von „unterem" Geschiebemergel (eigentliche Grundmoräne); Verwerfungen sind auch zu beobachten. An- und aufgelagert ist diesem Kern in allen Formen häufig, wenn auch nur wenig mächtig, „oberer" Ge-

[1]) Geinitz, Mitt. d. Meckl. Geol. L.-A. IV, 1894.

Fig. 9.

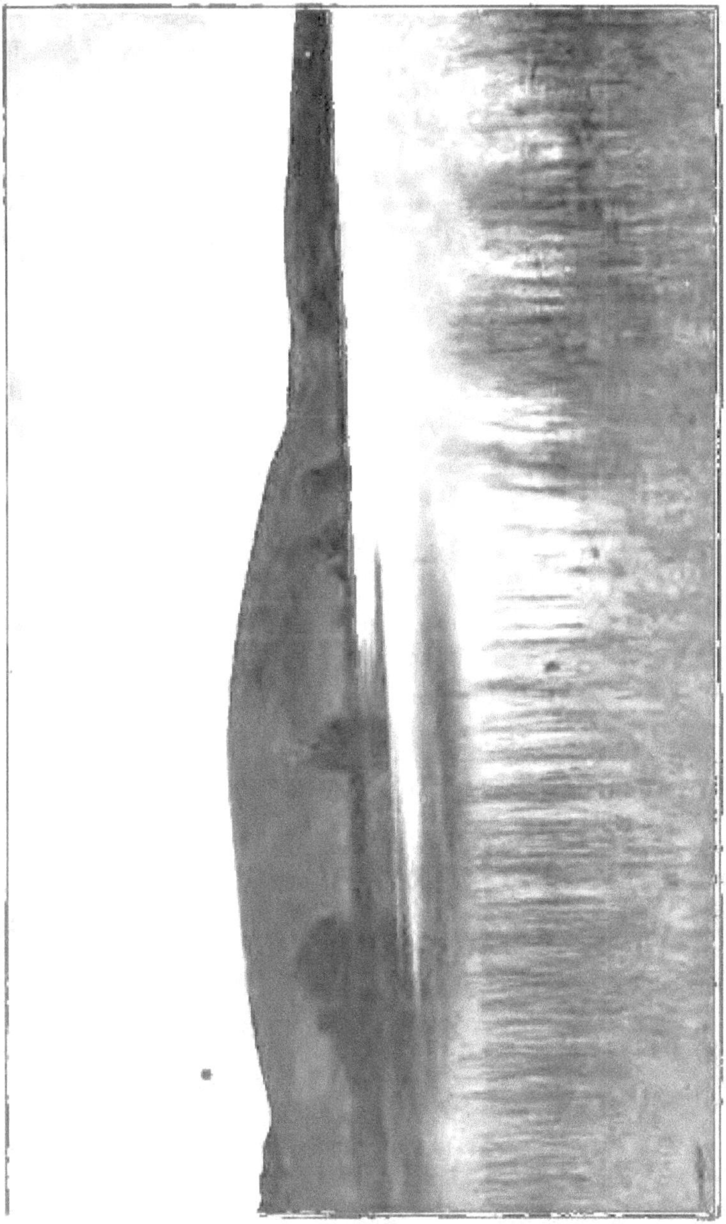

Endmoränenhügel am Glambecker See bei Warin in Mecklenburg.

schiebemergel bzw. Blockkies oder Einzelblöcke (Innenmoräne). Die Einschaltung einer Geschiebemergelbank zwischen steinig-grandigem Sand zeigt das Hin- und Herbewegen des Gletscherrandes auch während der im allgemeinen als Stillstand aufzufassenden Periode. Das „untere" Diluvium macht bisweilen die Erhebungen der Endmoräne mit, infolge einseitigen Druckes des Eisrandes und Schubes bei jeweiligem Vorrücken.

Vor den Endmoränen liegen ausgedehnte mit Geröllen und Sand bedeckte Flächen, die „Sandr", während rückwärts sich die stark kupierte Grundmoränenlandschaft anschließt; hier treten, je näher dem eigentlichen Endmoränenkamm, um so ausgeprägter alle Charaktere der blockreichen, stark welligen, zum Teil wie von Riesenpflügen durchfurchten, von Kesseln und anderen Depressionen unterbrochenen Moränenlandschaft, welche die „Geschiebestreifen" kennzeichnet, „also gewissermaßen der bald lang, bald kurz, bald vor-, bald zurückgeworfene Schatten der Endmoräne". Man kann die ganze Breite dieser Moränenlandschaft im großen zum Bereich der Endmoräne ziehen.

Liegen mehrere Züge voreinander, so wiederholt sich die Folge der Bodenarten, doch sind häufig die äußeren Rücken (als die älteren) durch die Erosion mehr oder weniger stark zerstört.

Auch als „Kiesmoränen" oder Kames (Grandkuppen) sind zuweilen einige der äußeren Teilstücke oder Züge entwickelt.

Die verschiedenen Endmoränenzüge stellen nicht die Grenze des Eises einzelner „Eiszeiten" dar, sondern nur die aufeinanderfolgenden Stillstandslagen des sich zurückziehenden Eisrandes.

Durchragungen, Staumoränen, Åsar.

Einige als „Staumoränen" bezeichnete Rücken besitzen steil aufgerichtete Sande und Grande, vermischt mit Bänken gröberen Gerölles, deren Schichten steil mit der Böschung einfallen und auf der anderen Seite von dem anlagernden Geschiebemergel abgeschnitten werden; die Oberfläche ist oft sehr reich an großen Geschieben. Schröder hat diese Rücken als „Durchragungen" bezeichnet, und betrachtet den an den Seiten oder auch oben auftretenden Geschiebemergel als oberdiluvial, den Kern als unterdiluvial. Ich betrachte die Moränen und jene Kämme als ein einheitliches Ganzes; daher ist ihr Sedimentkern als relativ gleich alt mit der an- und auflagernden Moränenmasse. Viele der Durchragungszüge sind als Endmoränen aufzufassen, für die meisten ist der Name „Staumoräne" sehr passend, sie stellen nach Schröder eine weiter nach NO. zurückliegende Stillstandsetappe in der Rückzugsperiode der zweiten Vergletscherung dar.

Bei einer anderen Art von Durchragungen beteiligen sich an dem Aufbau oberer Geschiebemergel und unterdiluviale Schichten; bei ihrer Bildung waren aufpressende und aufschüttende Kräfte tätig; nahe dem Eisrande war das Eis von Spalten zerrissen; dort wo das Eis mächtig und die Spalten eng waren, fand eine Aufpressung des Untergrundes statt. Diese diluvialen Wälle gehören schon zu den Åsar im weiteren Sinne.

Åsar oder „Wallberge" sind in guter Ausbildung an mehreren Stellen des nördlichen Deutschlands innerhalb des Endmoränengürtels bekannt.

Ihre Längserstreckung fällt meist ungefähr mit der Bewegungsrichtung des Eises zusammen. Oft treten sie wie riesenhafte Wälle oder Dämme hervor. Ihre absolute Höhe ist zwar in Norddeutschland meist nicht größer als die ihrer Umgebung, aber doch heben sie sich ausgezeichnet von ihr ab, weil sie an einer oder beiden Seiten von einer schmalen Moorniederung begleitet werden, die meist mit Torf erfüllt, zum Teil auch von offenem Wasser durchflossen ist.

Die Bedeutung der Åsar, der aus ihnen hervorgehenden Rollsteinfelder und Kames für die Bodengestaltung hat kürzlich Elbert ausführlich behandelt [1]).

Holland.

Vier Faktoren sind es, welche in dem südwestlichen Grenzgebiet des nordeuropäischen Diluviums eine wesentliche Rolle spielen, vielfach sowohl in horizontaler wie in vertikaler Richtung ineinander eingreifend: das skandinavische Inlandeis, seine Schmelzwässer, die von Süden kommenden Flüsse und das Meer.

Diese verschiedenartigen Faktoren haben denn auch eine sehr verschiedene Ausbildung des Diluviums veranlaßt.

Staring hat 1860 die verschiedene Faciesentwickelung zu einer Horizontalgliederung des holländischen Diluviums wie folgt verwertet:

1. Skandinavisches Diluvium, nördlich der Vecht.
2. Gemengtes Diluvium, zwischen Vecht und Rhein.
3. Rheindiluvium, } südlich des Rheins (dazu käme noch
4. Maasdiluvium, } Ems- und Weserdiluvium).
5. Lokalablagerungen von Belgien, Limburg und am Rhein.

---

[1]) 8. Jahresber. d. Geogr. Ges. Greifswald 1904.

Die Vertikalgliederung des Diluviums ist nach Staring:

1. Sandiges Diluvium, Zanddiluvium,
2. Lehm, Löß,
3. Gerölldiluvium, Grintdiluvium.

Martin teilt das Diluvium der Niederlande nach den reliefgestalteten Faktoren in folgende drei Gebiete: das glaziale, glazialfluviatile, zwischengelegene, fluviatile, südliche.

Fast durchgängig besteht das niederländische Diluvium aus Sand, im nördlichen Diluvium kommt auch Lehm und Ton vor.

Der Sand gehört entweder der Moräne an mit ihren Auswaschungsresten, oder er ist fluviatil oder fluvioglazial.

Das skandinavische Diluvium findet sich in den Niederlanden hauptsächlich im Norden des Landes. Es bildet außer ebener Landschaft oft Hügelreihen (z. B. den Hondsrug). Neben tonigem Sand kommt auch reiner Ton vor, zum Teil mit Geschieben und Geröllen.

Je weiter südlich, um so mehr nimmt die Grundmoräne einen sandigen Charakter an, wodurch die Grenze zwischen Grundmoränengebiet und gemengtem Diluvium schwer zu bestimmen ist. Der südlichste Punkt ist der Hemelsche Berg bei Oosterbeck, wo über 40 m hoch ein sandiger Lehm mit riesigen Granitfindlingen nachgewiesen ist.

Die Geschiebe und Gerölle der Grundmoräne sind eingehend untersucht; es finden sich auch sogenannte Leitblöcke, wie Schonensche Basalte, Scolithussandstein u. a. m.

Die Bewegungsrichtung des Eises war nach Martin NO.—SW., das Haupteis ein baltischer Strom.

Einige Angaben über Mächtigkeit der Grundmoräne:

Bei ten Arloo kaum 1 m, bei Zuidwolde (Drenthe) 4 bis 10 m, in Oldenburg ist der Geschiebemergel nicht über 4 m mächtig, bei Urneburg 5 bis 6 m, im südwestlichen Friesland über 11 m, zu Assen 7 m, bei Winterswijk 4 bis 10.

Nur bei Meppel in W.-Drenthe und in Sneek, sowie in Oldenburg fanden sich zwei getrennte Grundmoränen; Martin faßt dies als durch Oszillation des Eisrandes hervorgerufene Lokalerscheinung auf.

Das Niveau der Grundmoräne ist verschieden. Wohl die tiefsten Stellen sind Deventer, im Tale der Ijsel, wo sie in — 81 m, und Nijkerk, in — 52 m gefunden wurde.

Glaziale Druckerscheinungen sind auch hier mehrfach beobachtet.

Die unteren Hvitäbildungen, d. h. die Ablagerungen der Gletscherbäche des herannahenden Eises, an deren Zusammensetzung Fragmente nordischer Gesteine wesentlich beteiligt sind, finden sich sehr häufig im Liegenden der Grundmoräne und auch als Durchragungen. Es sind Sande und auch Ton; zu letzterem gehört die „potklei“ und ein in Oldenburg als „Schmink“ bezeichneter Ton.

Die oberen Hvitåbildungen sind nur in der sandigen Facies entwickelt und weniger mächtig als die unteren, aber in weiter Ausdehnung, als sogenannter „Schwemmsand“, auch in Westhannover und Oldenburg.

Die obere Hvitåformation ist also hier im wesentlichen als ein Auswaschungsprodukt der benachbarten Moränenhügel zu betrachten.

Durch den Mangel an Ton unterscheidet sich das Diluvium im Westen der Weser erheblich von dem der baltischen Gebiete. Dies erklärt sich daraus, daß hier die feinen Schlammmasssen der hvitåar ins offene Meer hinausgeführt werden konnten, während sie in der Umgebung der Ostsee auf dem Festlande zur Ablagerung gelangen mußten, solange das Ostseebecken vom Inlandeis ausgefüllt war.

Das frühdiluviale Fluviatil mit seinen südlichen Gesteinsgemengteilen scheint sich über ganz Holland zu erstrecken, da es auch bei Groningen in einer Bohrung nachgewiesen ist. Oft tritt es, südliches Material mit Untermischung von nördlichem führend, in Bänken zwischen das Hvitåglazial eingeschaltet auf.

Das Gebiet zwischen Vecht und Rhein (Geldern, Oberyssel, Utrecht) ist das Hauptgebiet des „gemengten Diluviums“.

In sehr wechselnder Ausbildung sind seine Ablagerungen aus den drei Ursprungsgebieten des N., O. und S. entnommen. Es bildet häufig niedrige Hügel und sandige Ebenen. Mehrfach finden sich erratische Blöcke in erheblicher Menge. Auch Lehm und toniger Sand kommt vor. Je weiter man nach S. vorschreitet, um so mehr beteiligt sich das „präglaziale“ Diluvium an dem Bodenrelief, und die Moränendecke bildet vielfach nur noch winzige Inseln.

Die Innenmoräne, die in Oldenburg sich bis 87 m hoch erhebt, im nördlichen Holland nur noch in der deckenförmigen Facies des Geröllsandes nachweisbar ist (also an Mächtigkeit um so mehr abnimmt, je mehr man sich den Grenzen des Inlandeises nähert), kann im mittleren Holland nicht mehr als selbständige Schicht nachgewiesen werden.

Oberflächengestaltung.

Das Diluvium beteiligt sich in dem Gebiete nördlich vom Rhein wesentlich an der Bildung von Höhen. Man findet hier Endmoränen, Åsar, Drumlins (Geschiebeåsar), Durchragungen, sowie die sogenannten Pseudo-Endmoränen und -åsar; Beeinflussung durch älteres Gebirge ist ganz ausnahmsweise zu konstatieren.

Die Dammer Berge im südlichen Oldenburg, mehrere parallele, NO. streichende Hügelzüge, deren größte relative Höhe zu 60 bis 70 m ansteigt, bei einer Länge von 15 km und Gesamtbreite von 4,5 km, werden als Geröllåsar aufgefaßt. Auch der NO.-SW. streichende Hümling ist eine Gruppe von Geröllåsarn, aus vier gleich gerichteten Hauptåsarn bestehend, an die sich mehrere Nebenåsar anschließen. Als Ausläufer gelten die unbedeutenden Hügel bei Kloppenburg und Friesoythe. Im Amt Westerstede und Varel kommen Geschiebeåsar (Drumlins) vor, z. B. bei Neuenburg; auch Durchragungen von älterem Hvitäglazial wurden mehrfach konstatiert.

In den Niederlanden haben die Diluvialhöhen nördlich der Vecht meist glazialen Ursprung.

Im nördlichen Teil gehören zu den Geschiebeendmoränen der 62 km lange, NNW.-SSO. streichende Hondsrug, ferner vermutlich die N.-S. streichende Wesuwer Endmoräne (in Oldenburg) und der Zug Rhebruggen-Ansen-Ruinen, der Needesche Berg, die Höhen von Markelo und Diepenheim. Die übrigen Hügelzüge werden als Åsar aufgefaßt. Den Havelter- und Bischopsberg, die Höhenzüge von Steenwijk und Steenwijkwerwold, sowie die drei gaasterländischen Moränenrücken faßt Martin als Geschiebeåsar, Drumlins auf.

Die Höhen bei Salzbergen, der Lemeler und Luttenberg, der Lochemer Berg und die Amersfortschen Hügel gelten als Pseudo-Endmoränen, andere, wie die Eltener Berge, Wageningen u. a., als Pseudo-Åsar.

Das Inlandeis hat den Rhein nicht überschritten. Aber nordische Gesteine sind durch Lokaldrift über Südholland bis nach Belgien verbreitet, daher findet man dort „gemengtes Diluvium“ und erst weiter südlich das reine Fluviatil.

In diesem Gebiete südlich des Rheines kann Fluviatil während der ganzen Eiszeit abgelagert worden sein und ebenso kann hier Beimengung von nordischen Gesteinen sowohl in früh- als auch in spätdiluvialer Zeit erfolgt sein.

Das Rheindiluvium bildete sich nach Winkler im südöstlichen Teile der Niederlande aus den Flüssen, unter denen der Rhein der hauptsächlichste war. Die Sandebenen der Mookerheide und die Kieshügel bei Nimwegen sind als Deltabildungen aufzufassen.

Unter den Kieseln herrschen weiße Quarze vor, daneben finden sich Porphyre von Kreuznach u. a. Das Rheindiluvium bildet nur einen kleinen Teil der Niederlande, Fortsetzung der Hügel des Reichswaldes von Cleveland zwischen Niers und Düsseldorf und in Geldern, Stralen und Venlo zwischen Niers, Maas und Ruhr. Bisweilen finden sich Nester von Ton in dem Sande, lehmiger Sand wird gegen Süd reichlicher.

Das Maasdiluvium bildet die kiesigen oder steinbestreuten Sandebenen in den Provinzen Limburg und Nord-Brabant, von Mastricht ab das Tal der Maas begrenzend und weiterhin unter das Sanddiluvium (Campinien) einschießend.

b) Gliederung des nordeuropäischen Quartärs.

Die mannigfachen Ablagerungen der Eiszeit treten in sehr verschiedener gegenseitiger Lagerungsform auf, ein bunter Wechsel erscheint hier, eine gewisse Eintönigkeit dort; Leithorizonte wie in den älteren Formationen fehlen, dagegen finden sich an den verschiedensten Stellen organische Reste, Tiere und Pflanzen, zum Teil in wohlausgeprägten Schichten, die zu ihrer Bildung eine geraume Zeit beansprucht haben und deren klimatische Befunde auffällig sind.

Schon lange war man bestrebt, eine Gliederung in das Chaos der Diluvialbildungen zu bringen, groß ist die Zahl der wechselnden Ansichten, noch heute stehen sich mehrere scheinbar unvermittelt gegenüber.

Verf. hält an der Einheitlichkeit der Eiszeit fest[1]). Wir wollen aber bei Behandlung des Gegenstandes jedem Standpunkte gerecht zu werden versuchen.

Die Frage der Interglazialzeiten und der wiederholten Kälteperioden ist auch für die Frage nach der Ursache der Eiszeiten

---

[1]) Vgl. E. Geinitz, Die Einheitlichkeit der quartären Eiszeit. N. Jahrb. f. Min., Beilage-Bd. **16**, 1 bis 98 (1902).

von größter Bedeutung, steht und fällt mit ihr doch der ganze Teil der sogenannten kosmischen Ursachen.

Die Eiszeit trat infolge der oben skizzierten meteorologischen Verhältnisse ein, Schritt für Schritt vermehrten sich die Gletscher in den verschiedenen Gebirgszentren und drangen bis an ihre äußerste Grenze vor, Schritt für Schritt wichen sie alsdann wieder zurück. Daß hierbei wiederholt Schwankungen, Oszillationen, vorkommen mußten, ist wohl verständlich. Manche Stadien des Vor- und Rückganges werden längere Zeit festgelegen haben (wir erinnern an das Rückzugsstadium der sogenannten baltischen Endmoräne), und so fand ein wiederholter, wechselnder Kampf zwischen Vordringen des Eises und Abschmelzung statt. Daß die einzelnen größeren oder kleineren Gletscher, ehe sie zu dem Landeis verschmolzen und nachdem sie sich von demselben wieder ablösten, zuweilen auch eisfreie Gebiete mit ihrer Fauna und Flora umschließen konnten, ist eine durch Beobachtung der driftless area in England und Nordamerika gestützte Vermutung.

So konnten vielfach Verhältnisse vom Charakter der „Interglazialprofile“ entstehen. Niveauschwankungen zu verschiedenen Epochen komplizierten die äußeren Bedingungen.

Wir können also für die einzelnen Gebiete gar wohl einzelne Phasen der Eiszeitgeschichte unterscheiden, müssen aber dabei vermeiden, die Beobachtungen des einen Gebietes auf andere verallgemeinernd zu übertragen; analog gegliederte quartäre Ablagerungen in verschiedenen Gegenden sind nicht synchronisch. Dies erschwert freilich die Gliederung, wie wir sie aus älteren Formationen gewohnt sind.

Als Begleiter des vorrückenden und rückweichenden Eises sind die arktischen Pflanzen, zum Teil auch die arktischen Tiere, zu betrachten. Sie allein dürfen nicht als Beweise für allgemeine Temperaturerniedrigung angesehen werden.

Die gegenwärtig noch am meisten herrschende Ansicht ist, daß es drei Eiszeiten mit kaltem Klima gegeben habe, mit je einer wärmeren Zwischenzeit (erstes und zweites Interglazial), in denen ein Klima wie das gegenwärtige herrschte, zum Teil sogar noch etwas milder; in diesen langen Interglazialzeiten müßten die Gletscher weggeschmolzen und mindestens bis auf die heutigen Verhältnisse zusammengeschrumpft sein.

Folgendes Schema nach Munthe[1]) gibt diese Anschauung wieder:

Die 1. glaziale Epoche	Spuren des „älteren baltischen Eisstromes" in Schweden. „Hvitä"- und fluvioglaziale Ablagerungen. „Älteste Grundmoränen" von Hamburg, Rüdersdorf usw.
Die 1. oder ältere interglaziale Epoche	? Marine Tonablagerungen mit borealem oder gemäßigtem Charakter in Vendsyssel und auf Hven. ? Süßwassersand, Jasmund. „Paludinenbänke im Untergrunde Berlins" nebst einigen anderen Süßwasserablagerungen in Norddeutschland.
Die 2. glaziale Epoche („Die große Vereisung")	Unterer mächtiger Geschiebemergel im südbaltischen Gebiete usw. Fluvioglazial unter und über demselben. *Yoldia*-führender Ton in Vendsyssel? und auf Hven?
Die 2. oder jüngere interglaziale Epoche	Marine und supramarine Ablagerungen, meistens von gemäßigtem Charakter. „Cyprinenton", *Ostrea*-führende Ablagerungen usw. in Holstein, Schleswig, dänische Inseln, Rügen, Provinz Preußen (Vendsyssel und Hven?); Süßwasserablagerungen des südwestlichen baltischen Gebietes; Torflager usw. an mehreren Stellen in Norddeutschland, bei Vejsnäs Nakke, in Schonen?
Die 3. glaziale Epoche	a) Die 3. oder letzte Vereisung. Oberer Geschiebemergel („jüngere baltische Moräne"), Endmoränen und Åsar. b) (Abschmelzungsphase). Die *Yoldia*- oder spätglaziale Zeit = die *Dryas*-Zeit.
Die postglaziale Epoche	a) Die *Ancylus*-Zeit = Kiefern- und Birkenzeit. b) Die *Litorina*-Zeit = Eichen-Zeit. c) Die *Mya*-Zeit = Buchen-Zeit.

Andere begnügen sich mit zwei Eiszeiten, während wieder andere vier, ja Geikie sogar sechs, annehmen.

In den meisten Fällen, besonders bei der geologischen Kartierung, muß man sich darauf beschränken, eine Einteilung in

---

[1]) Näheres siehe in den Tabellen bei Geinitz, Quartär von Nordeuropa.

Oberes und Unteres Diluvium durchzuführen und auch hierbei schon treten die verschiedensten Schwierigkeiten auf.

Nach Berendt nannte man alle diejenigen mit Grundmoränenstruktur begabten Vorkommnisse, welche von keiner anderen Bank überlagert werden, oberen Geschiebemergel (bzw. seine Vertreter). Die Abgrenzung zwischen oberem und unterem Diluvium geschieht in der Art, daß der obere Geschiebemergel für die Trennung beider Abteilungen gewissermaßen den Normalhorizont abgibt und daß er und die darüber liegenden Bildungen dem oberen oder jüngeren, die darunter liegenden dem unteren oder älteren Diluvium zugerechnet werden. Leitgeschiebe gibt es für den oberen oder unteren nach den bisherigen Erfahrungen nicht. Auch die petrographische Verschiedenheit, namentlich in Farbe, Kalkgehalt, sandiger Beschaffenheit, verschieden hohem Blockgehalt, ist nicht verwertbar. Viele der sogenannten „unteren" Sande können verschiedenen Alters sein, nämlich entstanden entweder bei dem Rückzug einer älteren Vereisung (unterdiluvial), oder in der Interglazialzeit, oder auch bei dem Herannahen der neuen Vereisung (oberdiluvial). Wenn die mehrfachen in dem „unteren" Diluvium mit Sedimenten wechselnden Bänke von Geschiebemergel nicht für Repräsentanten ebensovieler Eiszeiten angesehen werden dürfen, so kann man auch annehmen, daß zur Zeit des „Oberdiluviums" ein solcher mehrfacher Wechsel von Moränen und sub- oder extraglazialen Sedimenten erfolgt ist, mit anderen Worten, man kann auch mehrere Geschiebemergelbänke mit ihren zugehörigen Sedimenten zum Oberdiluvium zählen. In neuerer Zeit hat man denn auch dieser Auffassung Rechnung getragen und außerdem auch zugegeben, daß der „obere" Geschiebemergel teilweise eine sehr beträchtliche Mächtigkeit besitzen kann.

Etwaige Absätze in der Grundmoräne selbst, wie Verschiedenheit der übereinander lagernden Geschiebemergel, lagenweise Anhäufung von Geschieben, geschrammte Steinpflaster, sind nicht Anzeichen von interglazialen Unterbrechungen im Moränenabsatz, sondern dafür, daß nur der obere Teil der Grundmoräne von dem Eise fortbewegt wurde.

Ursprünglich war „interglazial" ein stratigraphischer Begriff, nach den neueren Ansichten hat man dies Moment mehr in den Hintergrund gestellt und sucht die Fossileinschlüsse als maßgebende Beweise auf.

Als Anzeichen von lange andauernden interglazialen Unterbrechungen werden auch die kalkfreien Einlagerungen und andere Verwitterungserscheinungen angesehen: Verwitterung und Entkalkung (Eluvialbildung) könne nur auf eisfreier Oberfläche vor sich gegangen sein. Gagel rechnet auch mit der Möglichkeit, daß manche der feinen ungeschichteten kalkfreien Interglazialsande Dünensande sein können.

Endlich werden auch die Dislokationen als Hinweise auf interglaziale Unterbrechungen benutzt.

Die Endmoränen sind als einfache Rückzugsetappen erkannt, sie gelten nicht mehr als die äußersten Grenzen einer besonderen Eiszeit.

Die limnischen „Interglazialablagerungen" sind meist auf Gebiete vor einem Eisrande beschränkt, vielfach in Bodensenken, die zum Teil noch heute konserviert sind; die marinen liegen in Teilen des Landes, die man unschwer als alte Meeresbuchten oder -arme und -straßen erkennt und sind hier oft vergesellschaftet mit ähnlichen Ablagerungen aus präglazialer Zeit. Wenn dieselben wohl von unbedeutenden Sedimenten überdeckt sind, oder gar von Geschiebemergel, so kann man darin (falls es sich nicht um extraglaziale Bildungen handelt) den Vorstoß eines Gletschers oder seiner Schmelzwasser sehen, ohne annehmen zu müssen, daß nicht nur die betreffende Gegend, sondern weit darüber hinaus das ganze Land inzwischen unter dem Einfluß einer warmen, völlig eisfreien Zeit gestanden hatte.

Wenn man die post- (bzw. spät-) glazialen Niveauschwankungen als oszillatorische Ausgleichungen des Eisdruckes annimmt, so kann man auch für eine im eigentlichen Glazial erfolgte Senkung die Eisdrucktheorie als Erklärung heranziehen.

Die Temperaturschwankungen, welche zum Teil ein etwas milderes Klima als das gegenwärtige mit sich brachten, möchte ich vergleichen mit den Ausgleichsschwankungen der Niveaudifferenzen; auch hier kann ein (übrigens nur geringes) Mehr eintreten. Von Einfluß werden auch die hierbei Zutritt erhaltenden Meeres- und Luftströmungen geworden sein. Jedenfalls verdient Beachtung, daß eine solche mildere Zeit sowohl im „Präglazial", wie auch im „Interglazial" und in dem echten Postglazial nachweisbar ist.

Das skandinavische Inlandeis hat nicht in allen Zeiten einen gleichmäßig ausstrahlenden Weg genommen, sondern bildete zuerst zu Zeiten geringerer Mächtigkeit den sogenannten „älteren baltischen Eisstrom", der dann, zur Zeit der Hauptvereisung, in das allseitig ausstrahlende Haupteis überging, während zuletzt, bei Schwächung der Eiszufuhr, wieder der „jüngere baltische Eisstrom" zur Ausbildung kam.

Der in Südschweden, Bornholm und zum Teil Seeland nachgewiesene „ältere baltische Eisstrom" ist dem Ostseebecken gefolgt und war wahrscheinlich durch den Widerstand der Landerhebungen in der Gegend des heutigen südlichen Ostseerandes gezwungen, in seinem südlichen Teil den Weg nach Westen und Nordwesten zu nehmen. Er brachte eine Menge von Blöcken aus dem Ostseebecken nach Westen.

Während der „großen Vereisung", als das Eis seine größte Ausdehnung und Mächtigkeit hatte, scheint Eis- und Wasserscheide dieselbe Lage gehabt zu haben. In Schonen war die Bewegungsrichtung des Eises der Hauptsache nach aus NO., in Blekinge N.—S., im östlichen Schweden NW.—SO., im westlichen Teil NO.—SW., also ungefähr übereinstimmend mit dem Gefälle der Flüsse. Das Eis überschritt den Bottnischen Busen und die Ostsee gegen SO. und SSO.

Der „jüngere baltische Eisstrom" wurde als einer gesonderten, von der großen oder Haupteiszeit durch eine Interglazialzeit getrennten, letzten Vereisung zugehörig betrachtet. Seine Richtung und Ausdehnung wird durch seine Endmoräne, seinen Geschiebetransport sowie seine Schrammen bestimmt. De Geer konstruierte für ihn eine merkwürdige, der Ostsee folgende Zunge und betrachtete die norddeutsche sogenannte baltische Endmoräne in Verbindung mit den südnorwegischen und finnischen als seine Begrenzung.

Der ältere baltische Eisstrom der anfangs noch schwachen Vereisung Skandinaviens war nicht imstande, einige bedeutende Höhen zu überwinden; allmählich, ohne zeitliche Unterbrechung, bildete er sich zu der Hauptvereisung aus und ging sodann ebenso langsam wieder zurück. Die erste Eiszeit war schwach entwickelt, die zweite entsprach dem Maximum, die letzte war wieder auf das Balticum beschränkt.

Diese Tatsache legt den Gedanken sehr nahe, nur eine Eiszeit anzuerkennen, als eine einheitliche Erscheinung, die von untergeordneten, kleinen und größeren Schwankungen unterbrochen war.

Dieser Auffassung entspricht das folgende Bild (Fig. 10) des von Jütland über die norddeutsche Seenplatte in das russische Kleinseengebiet verlaufenden Eissaumes während der ausgeprägten Stillstandsphase im Rückzuge der Vereisung, die früher als die Grenze der „zweiten Vereisung" angesehen wurde.

Deecke nimmt nun an, daß in der letzten Interglazialzeit das Haupteis bis in die Gegend nördlich der heutigen Ostsee zurückgegangen ist. Aus dieser Interglazialzeit müßten sich auch Reste von Endmoränen, Åsar (in den „Durchragungen") u. a. finden; die interglazialen Sandschichten werden mit den heutigen Sandrflächen Islands verglichen, und wenn man z. B. in den Tälern heute gewöhnlich unter (oberem) Geschiebemergel Sande findet, so könnte man diese als die einstigen Absätze in interglazialen, also schon vor der letzten Vereisung bestehenden, Tälern betrachten; das Eis paßte sich dem prä- und interglazialen Gelände an.

Es gibt allerdings manche Vorkommnisse, die einer Deutung der Einheitlichkeit Schwierigkeiten entgegensetzen und leichter mit der Annahme von Interglazialzeiten erklärt werden können, aber vielleicht lassen sich die Schwierigkeiten beseitigen, wenn wir annehmen, daß erstens innerhalb des Landeises, besonders zur Zeit seiner geringeren Mächtigkeit, größere eisfreie Gebiete (ähnlich der amerikanischen „Driftless area“) existierten, und zweitens, daß zur Eiszeit nicht allgemein arktisches Klima geherrscht hat, sondern eine der heutigen etwa gleiche Lufttemperatur. Lokale Vorstöße oder seitliches Zusammenfließen der

Fig. 10.

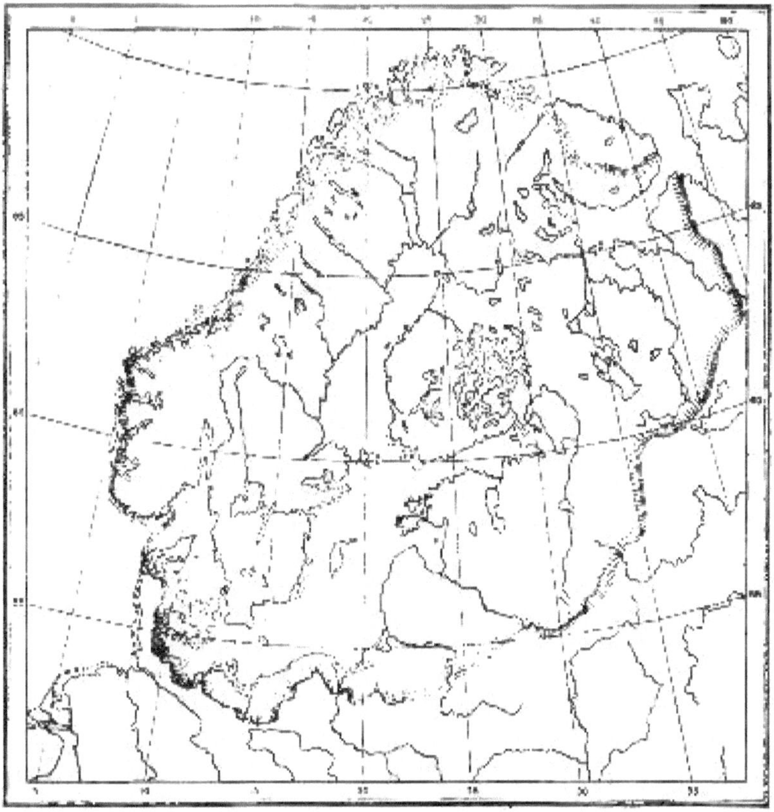

Ausbreitung des skandinavischen Inlandeises zur Zeit der großen baltischen Endmoräne (nach Ussing).

Gletscher konnten dann die dortigen Ablagerungen mit ihren glazialen oder fluvioglazialen Bildungen beschütten.

Mit der Annahme von zeitweise eisfreien Gebieten kann man auch manches eigentümliche Vorkommen erklären, welches jetzt als Repräsentant einer letzten normalen Eiszeit angeführt wird:

ich meine die sogenannten Steinbestreuungen oder sogar echten „oberen“ Geschiebemergeldecken. Auch im „unteren“ Diluvium kennen wir die Verzahnung und den Übergang von Moräne in Sedimente; dort gilt nicht jede Moränenbank als Repräsentant einer besonderen Eiszeit; was dem unteren recht ist, ist dem oberen billig: wir sollen nicht jede obere Geschiebemergeldecke als Beweis einer letzten Eiszeit ansehen. An den Rändern der eisfreien Gebiete wird die Grund- und Innenmoräne leicht ausgeschmolzen sein können, hier finden wir oft das Profil: wenig mächtiger oberer Geschiebemergel mit aufbereiteter Unterkante, auf Sedimenten, und einige Meter weiter statt des Geschiebemergels nur noch Geschiebesand usw.; daraus folgt, daß das hier unterlagernde „Interglazial“ (mit oder ohne Fossilien) eben „glazial“ ist (meist jungglazial).

Das heutige Grönland ist ein vollkommenes Analogon mit den Verhältnissen der „zweiten Eiszeit“; die deutschen Teile stellen nur Ausläufer des skandinavischen Eises dar. Wenn wir die heutige „Eiszeit“ Grönlands nicht mit einer allgemeinen Klimaänderung zu erklären versuchen, so brauchen wir das auch nicht für die quartäre Eiszeit. Wenn die Vorstöße so kurz waren und die Abschmelzzeiten (sogenannte Interglazialzeiten) bei weitem länger, so kann man auch wohl sagen: die Eiszeit war keine Zeit allgemeiner Klimaerniedrigung.

Eine mit obigen Anschauungen sich zum Teil deckende Ansicht kam mir während der Drucklegung zur Kenntnis:

Bei Untersuchung des Vorkommens von Alpenpflanzen an vielen Orten des Alpenvorlandes kommt H. Schmidt ebenso wie Hegi zu dem Ergebnis, daß diese nicht bloß durch den Wind in postglazialer Zeit an ihre heutigen Standorte gelangt seien, sondern daß sie Reste einer reicheren Flora sind, die sich dort vor und mit der Eiszeit angesiedelt hatte; auch zur Eiszeit hatten die aus dem Eise hervorragenden Bergabhänge den Pflanzenwuchs nicht ganz eingebüßt. Schmidt[1]) sagt unter anderem: „Wir wissen überhaupt nicht, wie kalt es während der Eiszeit bei uns gewesen ist, wahrscheinlich viel wärmer, als man es sich gewöhnlich vorstellt.“

Ebenso sagt A. Ludwig[2]) über glaziale Erosion und über die Ursachen der Eiszeit: „Zur Erklärung der Eiszeit in den Alpen ist weder eine kosmische noch eine überall gleichzeitig auftretende terrestrische Ursache notwendig, also auch nicht ein allgemein kälteres

[1]) Jahrb. d. St. Gallenschen naturw. Ges. St. Gallen 1905.
[2]) Ebenda 1906.

Erdklima, als das heutige es ist. Die Eiszeit war bedingt durch die früher viel massigere Gestalt des Alpengebirges, das noch nicht durch lange und tief eingeschnittene Täler gegliedert war. Dementsprechend war die Firnregion viel ausgedehnter und die Temperatur an der Oberfläche der noch nicht erodierten Gebirgsteile bedeutend niedriger. Beide Faktoren vereint bewirkten die enorme eiszeitliche Vergletscherung. Der Rückzug war bedingt durch die erodierende Tätigkeit der Gletscher, durch welche Gletscherbett und Gletscheroberfläche in immer tiefere und wärmere Regionen verlegt wurden, bei gleichzeitiger Verkleinerung des Firngebietes"; „der Gletscher selbst gräbt sich sein Grab".

Die Einwände, die aus der sogenannten Glazialfauna und -flora gemacht werden könnten, sind abweisbar: Die Nivalflora (Dryas, Zwergbirke usw.) waren die mit dem Eisrande wandernden Begleiter desselben, ebenso die arktischen Tiere (Mammut ist überhaupt kein nordisches Tier); die Meeresformen (wie Yoldia) können durch Meeresströmungen bzw. Verbindung der betreffenden Meeresteile mit den nördlichen Eismeeren ab- und zugewandert sein.

Die Annahme von drei Vereisungen in Norddeutschland stützte sich auf Bohrprofile in Hamburg und Rüdersdorf. Doch sind diese Befunde nicht einwandfrei und es wurden dort nur zwei Geschiebemergelbänke beobachtet, nicht drei, wie es die Hypothese erfordern würde. Nach den speziellen Darlegungen des Verfassers und neuerdings auch Menzels und Wiegers' muß das Dogma von der dreimaligen Vereisung fallen gelassen werden und viele fossilführende Ablagerungen, die man zuerst als präglazial und darauf als interglazial angesehen hatte, müssen nunmehr besser wieder als präglazial gelten.

Präglazial.

Chronologisch müssen wir als präglazial die Zeit bezeichnen, welche im Posttertiär vor der eigentlichen Vereisung lag; man könnte dafür auch den Namen „Altquartär" festhalten. Nach den geographischen Verhältnissen muß man weiter auch präglazial diejenigen Bildungen nennen, die in der betreffenden Gegend abgesetzt wurden, ehe dort das Eis heranrückte. Ein Präglazial im Süden kann somit synchronisch sein mit einem Glazial im Norden, ein Interglazial im Süden gleich einem Glazial in nördlichen Gegenden. Die Ausdrücke glazial, interglazial, extraglazial bedeuten also nicht Zeitalter, sondern nur lokale Zeitabschnitte.

Fauna und Flora des Altquartärs sind als die unmittelbaren Nachfolger des Pliocäns aufzufassen, sie entsprechen einem Klima, das ungefähr dem gegenwärtigen gleich war, mit einer geringen höheren Temperaturlage. Gegen Ende des Abschnittes werden, bedingt durch das heranrückende Eis, kältere Verhältnisse eingetreten sein.

Präglaziale Ablagerungen können sein:

1. extraglazial, und zwar limnisch oder marin,
2. fluvioglazial.

Man muß nämlich sicher manche der fluviatilen und zum Teil auch fluvioglazialen Bildungen als präglazial betrachten. Vergegenwärtigen wir uns z. B., daß die Inlandeismassen von den skandinavischen Gebirgen ausgingen, so werden diese natürlich schon zu Anfang große Schmelzwassermassen geliefert haben, die wieder Sandr oder „Schotterfelder“ in den noch eisfreien und von Vegetation bedeckten Landstrichen aufschütteten; die großen Flüsse und ihre Nebenflüsse, welche von Skandinavien aus nach den niedrig gelegenen Ländern der heutigen Ost- und Westsee strömten, werden somit naturgemäß „skandinavisches“ und weiterhin auch „einheimisches“ Gesteinsmaterial verfrachtet und abgesetzt haben; und so dürfen wir uns nicht wundern, unter späterer Moräne oder unter Binnenablagerungen da und dort solche Massen zu finden, von denen man gewöhnlich sagt, sie seien glazialen Ursprungs; sie als aufgearbeitete alte Moräne zu betrachten, fehlt jede Berechtigung.

Nur einige Beispiele mögen hier angeführt sein, im übrigen darf auf die oben genannte Darstellung in der Lethäa verwiesen werden.

α) Präglaziale Binnenablagerungen.

Zu präglazialen Ablagerungen gehören die einheimischen Schotter alter Flußläufe, so die Saale- und Pleißeschotter im Leipziger Flachlande, die deltaartigen Harzschotter, die oberflächlichen Teile des Kaolinsandes von Sylt, denen nordisches Material beigemengt ist, die Elster- und Muldenschotter von Leipzig, welche ebenfalls neben einheimischem bereits nordisches Material enthalten, u. a. m. Hierzu gehört vielleicht auch der Melanopsiskies des alten Unstrutlaufes bei Zeuchfeld.

Ein vielgenanntes Leitfossil ist die Paludina diluviana. Nachdem sie lange Zeit als charakteristisch für das sogenannte untere Diluvium gegolten hatte, zeigte Neumayr, daß sie noch heute lebt, und zwar als Auswanderer in die pontischen Gebiete.

Sie findet sich recht häufig (meistens als verschleppt) in älteren und jüngeren Diluvialsanden, auch bisweilen im Geschiebemergel. Im Untergrund der Berliner Gegend hat man sie neben anderen Süßwasserkonchylien in einer Bank von kalkfreiem Ton gefunden, hier noch in gut erhaltenen Schalen, die sogar die Epidermis erhalten zeigen. Da man unter dieser „Paludinabank" noch Geschiebemergel in tiefen Lagen nachgewiesen hat, stellt man sie jetzt zum Interglazial. Daß sie aber auch bereits präglazial war, ist durch andere Funde erwiesen.

β) Ausfüllung von Seeniederungen; Süßwasserkalke, Diatomeenerde, Torf.

Die altdiluvialen Süßwasserkalke von Belzig im Fläming und Westerweyhe bei Ülzen sind hierzu zu rechnen.

Von besonderem Interesse sind die weit ausgedehnten Lager von Diatomeenerde (Kieselgur) in der Lüneburger Heide. Der Diatomeenpelit der Lüneburger Heide erfüllt mehrere große Becken, in denen das jetzige Tal der Luhe fließt. Hangendes bilden 0,5 bis 1 m „oberer" Geschiebesand und 3 bis 6 m wohlgeschichteter „unterer" Diluvialsand, das Liegende wird von groben Diluvialsanden gebildet.

Man kennt von hier neben Abdrücken von höheren Pflanzen und von Fischen 135 Spezies Diatomeen, die sämtlich Süßwasserformen sind und noch heute lebend in Deutschland vorkommen; das Klima zur Zeit der Ablagerung hat somit dem des heutigen Deutschlands entsprochen.

Die präglaziale Existenz höherer Pflanzen ist durch die häufigen Einschwemmungen von verkohlten Pflanzenresten in Sanden erwiesen, sowie durch Funde von Torflagern. Gemäßigtes Klima scheint hier herrschend gewesen zu sein; wenn boreale oder arktische Pflanzenreste gefunden sind, so dürften diese aus der letzten Phase dieser Zeit stammen.

Von Interesse in dieser Hinsicht ist ein Torflager im älteren Diluvium des sächsischen Erzgebirges, am Muldeufer bei Klösterlein, in dessen unterer Partie die südeuropäische Omorikafichte nachgewiesen wurde. Das Alter des Torfes läßt sich nicht feststellen, nur sagen, daß er älter ist als die bis 8 m mächtigen Schichten der Diluvialterrasse.

Auch den Tuul von Sylt, ein jetzt vor dem Strande der Insel noch in Resten auftretendes Torfmoor, mit Waldresten des heutigen Klimas, haben wir als ein präglaziales, einst sich nach Westen erstreckendes Lager aufzufassen, welches sich auf dem dortigen Kaolinsande entwickelte, dessen obere Lagen bereits fluviatile Beimengungen nordischen Materials erhalten hatten.

Ebenso wie die nordamerikanischen Gletscher mehrfach Wälder überschritten und dabei Baumreste in ihre Moräne aufgenommen haben, mag es bei uns gewesen sein: der von Felix mitgeteilte Fund eines Eichenholzstückes im Leipziger Geschiebelehm kann als Beleg für diese Auffassung dienen.

Von besonderer Wichtigkeit ist auch der vermutliche Nachweis von Äquivalenten der englischen Cromerbeds bei Kopenhagen. In dem Kopenhagener Freihafen fanden sich nämlich nach G. Sarauw in der Moräne Blöcke von Holz- und Süßwasserkonchylien-führendem Sand, Ton und Torf, welche mit dem englischen Cromer Forestbed identifiziert werden konnten. Das Anstehende dieser (altpleistocänen bzw. jungpliocänen) Lager ist zwar nicht bekannt, aber in der Nähe, in dem Ostseebecken zu suchen. Das Idealprofil des Kopenhagener Freihafens ist sonach:

Strandbildungen,
Untermeerisches Torfmoor,
Moränenton,
Diluvialsand,
Moränenton,
Waldschicht mit Eiche und Hasel, Cornelkirsche, Wasserpflanzen usw.,
Zwei Tonhorizonte von Süßwasserablagerungen mit *Bithynia tentaculata, Pisidium, Helix, Sphaerium* und Pflanzenresten,
Ton und Grand,
Saltholmskalk.

γ) Marines Altquartär.

Die marinen Diluvialschichten beschränken sich auf die Küstengebiete der Nord- und Ostsee und auf ehemalige in das Land tiefer eingreifende Buchten oder Arme; sie sind fast ausschließlich außer Holland und Nordrußland beschränkt auf Dänemark, Schleswig-Holstein, die Unterelbe und die Umgebung des Weichseldeltas.

Recht beachtenswert ist der Umstand, daß sehr häufig in enger Verbindung mit den marinen Schichten solche mit Süßwassermuscheln auftreten; man wird dadurch auf den Gedanken geführt, daß in den betreffenden Gegenden das Meer in alte Niederungen oder Flußtäler eingedrungen ist.

Wenn man die Konchylien der marinen Diluvialschichten betrachtet, findet man in ihnen meist Bewohner des Küstengebietes; mit ihrem heutigen Vorkommen verglichen sind es aber Bewohner verschiedener Meere, teils solche der heutigen Nordsee, teils auch boreale und Eismeerformen; danach hat man auch nach den verschiedenen Funden auf verschiedenes Klima der betreffenden Gegend geschlossen, allerdings ohne etwaige Einflüsse von offenen Strömungen zu berücksichtigen.

Die sichere Beurteilung solcher versteinerungsführender Sedimente (als präglazial oder interglazial) ist sehr erschwert durch das Auftreten zahlreicher Störungen im Schichtenbau; sehr häufig hat man es nur mit gestörten Lagern oder Schollen zu tun, oft spielen auch spätere Rutschungen eine Rolle und endlich sind viele der Muscheln überhaupt nicht mehr auf ihrer ursprünglichen Lagerstätte, sondern verschwemmt, so daß ihr Vorkommen nur noch dahin verwertet werden kann, als es anzeigt, daß die betreffenden Muscheln in der Nähe vorgekommen sind.

Die Sande mit gemäßigter mariner Fauna unter Geschiebemergel, die in Hamburg an zwei Stellen von dem „tiefsten Geschiebemergel" der vermeintlichen ältesten Eiszeit unterlagert gefunden wurden, sind mit hierher zu stellen. Bei Stade fanden sich in gestörter Lagerungsform drei Bänke glazialen Ursprungs mit der arktischen Muschel Saxicava; dazwischen aber eingeschaltet eine dünne Austernbank, die man wohl als fremde, durch Treibeis in den alten Elbfjord eingeführte Scholle betrachten muß. Auch bei Itzehoe finden sich stark gestörte marine Tone mit arktischer und borealer Fauna.

Ein sehr interessantes Vorkommen, seit alter Zeit bekannt und gewürdigt, ist Tarbeck in Holstein, wo 80 m über dem Meer mitten im Binnenlande eine mächtige Austernbank vorkommt, die von den Bauern zum Mergeln der Felder abgegraben wird. Dabei liegt mariner Ton, von Süßwasserschichten überlagert; das stark gestörte Lagerungsverhältnis macht es sehr wahrscheinlich, daß die Austernbank eine erratische Scholle ist.

Lauenburg ist bekannt durch seine alt- oder präglazialen Ablagerungen, die östlich der Stadt auftreten, und seine sogenannten interglazialen Schichten, westlich der Stadt, am Elbufer. Die dortige Schichtenfolge ist:

1. Oberer Sand mit seiner geschiebereichen Decke („glaziale" Bildung nach Keilhack).
2. „Interglazialer" Torf (Süßwasserbildung).
3. Obere Bank des unteren Geschiebemergels.
4. Spat- und Mergelsande (nicht *Cardium*-Sande).
5. Untere Bank des unteren Geschiebemergels.
6. Spatsande, an der Basis mit Bänken von Bänderton und Mergelsand.
7. *Cardium*-Sand
8. Fetter Ton mit *Mytilus edulis* } marine bzw. brack. Bildung.
9. Braunkohle, unrein, mit Resten von Nagern, Fischen, Käfern usw.
10. *Anodonta*-Bank, stellenweise in eine reine Diatomeenschicht übergehend. } Süßwasserbildung.
11. Sand ohne Fossilien
12. Fetter schwarzer Ton } marine Bildung?, früher als Miocän oder Pliocän angesehen.

Es handelt sich hier um altquartäre Bildungen des Elbmündungstrichters; der Ausläufer dieses Gebietes war die Gegend von Wendisch-Wehningen oberhalb Boitzenburg, wo eine Diatomeenerde mit Süß- und Meerwasserdiatomeen vorkommt.

In Dänemark gilt der sogenannte „ältere Yoldienton" von Jütland als echtes marines Präglazial; man hat es in 27 m Meereshöhe unter Moränenbedeckung gefunden; die bisherigen Funde beschränken sich auf eine breite Zone des westlichen Landes und auf den nördlichen Teil.

Der Yoldienton tritt in verschiedener Form auf, deren zwei extreme Ausbildungen folgende sind:

1. Dunkelblaugrauer ungeschichteter Ton mit Sand- und Grandschmitzen und geschrammten Geschieben, wodurch er ein moränenartiges Aussehen gewinnt; im Ton verstreut, meist in den sand- und kieshaltigen Partien, liegen zahlreiche Trümmer von Muschelschalen, auf den Geschieben haften *Balanus*.

2. Geschichteter Ton, ohne Steine, häufig mit starker Schichtenstörung; enthält ganzschalige Muscheln, oft auch zweiklappig; auch Moose von arktischem und temperiertem Charakter. Nach oben werden die Konchylien seltener, dafür erscheinen Moose, der Ton geht teils allmählich in gewöhnlichen Diluvialton über, teils ist er scharf von diesem abgegrenzt.

Die Fauna des Yoldientones ist sehr heterogen, sie besteht aus arktischen und gemäßigten Formen. Allerdings zeigt sich eine gewisse Verteilung: in dem fetten Ton finden sich die arktischen Formen, häufig ganzschalig (*Tellina calcarea*, *Yoldia arctica, Mya truncata, Saxicava rugosa, Balanus)*; in den moränenartigen Ablagerungen finden sich in Trümmerstücken Formen einer borealen und gemäßigten Fauna *(Saxicava rugosa, Cyprina islandica, Astarte borealis, Tellina baltica, Zirphaea crispata, Turritella terebra, Balanus, Oculina* usw.).

Der ältere Yoldienton setzt sich also aus einem fetten Ton zusammen mit echt arktischer Fauna, der in einem Eismeer nahe dem Inlandeise abgelagert wurde; Treibeis führte Blöcke herzu. Treibeis oder Oszillationen des Eisrandes preßten in den Ton Kies und Steine, sowie die Fragmente einer Fauna von borealen und von temperierten Regionen. Da der Yoldienton nicht direkt von Moräne bedeckt wird, sondern in gemeinen Diluvialton übergeht, so ist er wahrscheinlich vor der Grenze eines von Norden bzw. Nordnordosten heranreichenden Eises abgesetzt. Nun hat allerdings Holst neuerlich zu zeigen versucht, daß viele der sog. präglazialen dänischen Yoldientone (Esbjerg, Hostrup u. a.) in Wirklichkeit spätglazialen Alters sind.

Auf der Ostseite der cimbrischen Halbinsel, bis nach Rügen, finden sich Ablagerungen von tonigem Charakter, in einem ruhigeren Wasser abgesetzt, mit gemäßigter sogenannter Nordseefauna. Es ist der bekannte „Cyprinenton", ein deutlich geschichteter, oft fetter Ton, der reich ist an Schalen der noch jetzt an diesen Küsten lebenden Muscheln, von denen *Cyprina islandica* besonders zu bemerken ist, oben oft von Mytiluston und Süßwassersand bedeckt; im ganzen 3 bis 5 m mächtig. Er ist stark gestört und gequetscht, seine Muscheln daher immer zerbrochen. Er lagert auf normalem, grauem Geschiebemergel und wird von dem gleichen bedeckt.

Holst hat für den Cyprinenton neuerlich ein präglaziales Alter angenommen, seine Lager seien als Schollen von dem Eise verfrachtet worden (wodurch sich die Zertrümmerung in ihm erklärt). Nach anderer, noch herrschender Meinung ist aber der Cyprinenton der Repräsentant einer milden Interglazialzeit, in welcher der südliche Teil des Balticums von einem Meere mit Fauna gemäßigten Klimas eingenommen war, etwa wie sie der heutigen Nordseefauna entspricht. Die Verteilung der Ablagerungen und ihre Meereshöhenlage würde eine andere Konfiguration des Landes voraussetzen, ein von mehreren Meeresarmen unterbrochenes Gebiet. Erneute Lokaluntersuchungen werden noch Aufschlüsse über manche hier auftretende Bedenken geben müssen.

Von anderen als interglazial betrachteten marinen Bildungen der dänisch-deutschen Küste, besonders denjenigen mit ungestörter Lagerung und normaler Klimafolge (von arktisch in boreal und gemäßigt) hat Holst 1904 gezeigt, daß man sie als postglazial (spätglazial) ansehen muß. Sogar bei einigen mit gestörter Lagerung kann man dies behaupten; ein lokaler Gletschervorschub kann hier Störungen und Moränenbedeckung hervorgerufen haben, was sonst für interglaziale Lagerung angesprochen wird. (In Schweden sind sicher nachweisbare marine präglaziale Bildungen nicht bekannt.)

Marine Diluvialfauna kommt in West- und Ostpreußen reichlich vor; hier war es zuerst, daß Römer sie im Jahre 1864 überhaupt nachweisen konnte, bald darauf machte Berendt weitere Mitteilungen und später sind es besonders die Arbeiten von A. Jentzsch, denen wir reiche Kenntnis jener Verhältnisse verdanken.

Im östlichen Norddeutschland umfaßt die Verbreitung der unterdiluvialen Meeresfauna ein großes Gebiet, welches sich zwischen Danzig und Thorn und von da östlich bis fast zur russischen Grenze erstreckt. Bei den meisten Funden ist die Fauna auf sekundärer Lagerstätte, daher das Zusammenvorkommen von *Cardium* und *Dreissensia*. Es sind hier Einschwemmlinge, die nur beweisen, daß die betreffenden Lager in der Nähe existiert haben.

Es findet sich hier eine arktische Fauna (mit Yoldia arctica) fast immer zusammen mit einer Süßwasserfauna (mit Dreissensia) und eine gemäßigte; erstere weniger räumlich ausgedehnt als letztere.

Jentzsch hat die „interglaziale" Fauna als „Nordseefauna" bezeichnet und charakterisiert durch:

Cardium edule, Cyprina islandica, Ostrea edulis, Mytilus edulis, Nassa reticulata.

Schröder stellt sie aber der rezenten Fauna der westlichen Ostsee an die Seite.

Man kennt keinen Fundort, wo die marine „interglaziale" Fauna sicher auf primärer Lagerstätte sich findet, Wolff hat 1904 gezeigt, daß man wohl für diese Gegend von einem marinen Interglazial absehen muß.

Die zum Präglazial gerechneten Schichten bei Elbing sind in sehr gestörter Lagerung. Die älteste Serie ist eine Süßwasserstufe:

feine Sande mit dünnen Lamellen von Kohlen und fast kalkfrei, als Vorläufer der ältesten Vergletscherung aufgefaßt. Darauf legt sich eine dünne Bank von Geschiebemergel. Darüber folgt 0,5 bis 0,6 m Sand mit Kohlelamellen und darüber das 25 m mächtige, kalkhaltige Haupttonlager; sein unterster Teil ist fossilleer, die folgenden 8 bis 10 m bilden den wahren „Elbinger Yoldienton"; darüber folgt Ton mit *Cyprina* und *Yoldia arctica*. Die obersten 10 m sind muschelleer.

Hiernach wird der Elbinger *Yoldia*- und *Cyprina*-Ton dem ältesten Interglazial zugeteilt und die Süßwasserschichten dem Präglazial.

In Vogelsang bei Elbing unterschied Noetling in der kaum 2 m mächtigen Ablagerung eine obere marine sandige, tonige und untere mergelige Süßwasserabteilung.

Bei dem 12,2 km entfernten Succase fand Noetling ebenfalls Staubmergel mit Süßwasserdiatomeen. Jentzsch fand auch hier einen Komplex extraglazialer Schichten, die er für unterdiluvial erklärt, über Geschiebelehm, und zwar oben *Cardium*-Bank, unten Süßwasserschichten.

„So war in früher Diluvialzeit die Gegend von Elbing eine Meeresküste mit haffartigen Süßwasserbildungen, deren Fauna und Flora durch das vordringende Eis schließlich vernichtet wurde."

Auch mit den marinen Cardiensanden von Marienburg und Dirschau sind wieder Süßwasserbildungen verbunden.

Bei Marienwerder liegen die Konchylien in echtem Geschiebemergel, dessen untersten 0,5 m erfüllend; „man kann sich bei der Reichlichkeit des Vorkommens des Eindruckes nicht erwehren, daß das Material des Geschiebemergels sich vorwärts schob entweder über den Meeresgrund oder doch über eine muschelreiche Meeresschicht". Nach Jentzsch beweisen die Funde von Yoldia als Geschiebe in zahlreichen diluvialen Kieslagern Ost- und Westpreußens (und Posens), daß die Yoldia schon im Lande war, als der jüngste obere Geschiebemergel abgelagert wurde.

Interglazial.

α) Marines Interglazial.

In denselben Gebieten, wo präglaziale marine Ablagerungen bekannt sind, hat man häufig auch, in meist sehr komplizierter Lagerungsform, marine muschelführende Schichten gefunden, die man als interglazial betrachtet.

Die große Verwandtschaft der diluvialen Fauna mit der rezenten des jetzigen Westbalticums läßt das Vorhandensein eines milden Klimas während jener Bildungsperiode möglich erscheinen, jedoch gehen sämtliche Formen auch hoch nach Norden hinauf. Viele jener Lager enthalten die Reste erst auf sekundärer Lagerstätte und auch, wie Schröder sagt, „der Umstand, daß eine diluviale Schicht Fossilien auf primärer Lagerstätte führt, beweist an und für sich noch nicht ihre interglaziale Stellung, auch wenn sie zwischen Geschiebemergeln lagert. Vielmehr war während der ausgedehnten Gletscheroszillationen die Möglichkeit zur Ablagerung von faunen- und florenführenden Schichten gegeben, zumal das Über- und Nebeneinandervorkommen von Meeres- und Süßwasserabsätzen die damalige Oberfläche und die Verteilung von Wasser und Land als sehr kompliziert erscheinen läßt". Zu beachten ist bei dieser Frage auch noch der Umstand, daß bereits in der Zeit der Hauptentwickelung der Gletscher das Land sich gesenkt hat. Gagel verwertet diese Tatsache zu der Ansicht, daß z. B. in Lauenburg während der langen Interglazialzeit sogar eine doppelte (positive und negative) Strandlinienverschiebung eingetreten sei. Beachtet man aber die sehr wechselnde Höhenlage der einzelnen benachbarten Fundstellen und das oft dicht nebeneinander Vorkommen von marinen und limnischen Ablagerungen, so wird man zur größten Vorsicht betreffend weitergehender Folgerungen ermahnt.

Am bekanntesten sind die Fundorte Mewe an der Weichsel und Neudeck. Jentzsch gliedert das Unterdiluvium nördlich von Mewe von oben nach unten:

Tonmergel,
Geschiebemergel,
Spatsand mit Mergelsand, Ton und Grand } mit diluvialer Fauna,
Geschiebemergel } mit diluvialer Fauna,
Mächtiger Spatsand und Grand mit Ton } mit diluvialer Fauna,
Geschiebemergel,
Spatsand.

Auch im Gebiet der cimbrischen Halbinsel gibt es viele Stellen, die man als marine Interglazialvorkommnisse betrachtet (vgl. unter anderem den oben genannten Cyprinenton).

β) Binnenablagerungen.

Besonderes Gewicht wird auf das Vorkommen sogen. interglazialer Torflager gelegt. Doch hat man dabei oft, vorwiegend von botanischen Untersuchungen ausgehend, zu wenig auf die stratigraphischen Verhältnisse Rücksicht genommen und zum Teil unwichtige Sandbedeckungen oder oberflächliche

Schichtenstörungen als Beweise einer neuen selbständigen Eiszeit betrachtet.

Den Torflagern ist folgendes gemein: Es entwickelten sich in alten Flußtälern oder Niederungen bzw. in Mulden von Geschiebemergel Torflager mit Pflanzen gemäßigten Klimas; Klimaschwankungen sind nachweisbar. Arktische Pflanzen sind zum Teil an der Unterkante gefunden, in dem Hangenden nur bei Klinge. Die Lager wurden später durch Talgrande oder andere, lokal verursachte Ablagerungen bedeckt, dabei zum Teil oberflächlich zerstört. Oft ist die alte Niederung noch jetzt im Gelände erkennbar. Die Funde liegen vielfach außerhalb der Vereisungsgrenze der „jüngeren“ Eiszeit.

Viele Torfmoore der Art zeigen von unten nach oben die normale Florenfolge eines postglazialen Moores, nämlich zu unterst arktische Flora (entsprechend dem Ende der Eiszeit, auch lokal fehlend), boreale und gemäßigte, letztere oft noch mit einem Anklang an etwas milderes Klima. Holst ging von dem Gedanken aus, daß, wofern Norddeutschland in dem Gebiet nördlich der großen Endmoräne zwei Eiszeiten gehabt hätte, die südlicheren Teile aber nur eine, dann dieser Klimawechsel der zweiten Eiszeit sich auch in der Florenfolge der außerhalb dieses Gürtels gelegenen Moore naturgemäß wiedergespiegelt haben müßte; Untersuchungen z. B. von hannöverschen Mooren haben aber nichts Derartiges ergeben, sondern die einfache Folge eines normalen postglazialen Moores, keine einzige Pflanze, die darauf hinweisen könnte, daß eine neue Eiszeit seit Bildung des Moores hereingebrochen sei.

Die wichtigsten Vorkommnisse mögen hier kurz erwähnt sein.

Klinge bei Kottbus:

Hier sind die „Klinger Schichten“, Tonmergel mit zwischengelagertem Torf, bedeckt von Decksand, und unterlagert von Diluvialgrand. Die Torfpflanzen deuten auf ein gemäßigtes Klima (darin die berühmten Folliculites und Cratopleura).

Das Resultat der ausgedehnten Diskussion über Klinge ist folgendes: Der liegende Schotter ist „altdiluvial“, Produkt der sogenannten zweiten Eiszeit. Die früheren Niederungen sind durch den Decksand mehr oder weniger ausgeebnet. Für den hangenden Decksand kann man nach Analogie mit seinem ganzen Vorkommen in Sachsen nicht behaupten, er sei der Vertreter einer neuen selbständigen Vereisung, sondern er wird noch zur Haupteiszeit gerechnet. Will man auch die Andeutung einer Klimaverschlechterung am Schluß der

Klinger Ablagerung durch den *Betula nana*-führenden oberen Ton zugeben, ist doch kein Nachweis eines genügend weiten südlichen Vorstoßes des Eises erbracht. Andererseits sind die für das südliche Gebiet „postglazialen" Klinger Schichten kein Beweis dafür, daß das Eis sich bis in den hohen Norden völlig zurückgezogen habe. Es kann vielmehr ganz wohl im nördlichen Deutschland noch existiert und mag große oder kleine Vorstöße nach Süden ausgeführt haben. Allerdings sagen neuerlich noch Schröder und Stoller, daß während der Ablagerung des Klinger Torflagers an glaziale Verhältnisse nicht zu denken war.

Lauenburg a. Elbe:

Das Torflager am Kuhgrund bildet die Ausfüllung einer Mulde des dort in mehrfachen flachen Wellen aufsteigenden „unteren" grauen Geschiebemergels, deren einer seitlich aufsteigender Flügel zuerst fälschlich für überlagernden oberen Geschiebemergel angesehen worden war. Die Überlagerung durch oberen ist nicht vorhanden. Das Hangende des Torflagers bilden bis zu 10 m mächtige Sande von diluvialem Aussehen, dieselben werden jetzt in ihrer Gesamtheit als „Decksand" angegeben, einer Deutung der hangenden Sande als jungdiluviale bzw. postglaziale „Talgrande" steht aber nichts im Wege.

Das Lager erstreckt sich auch weiter landeinwärts unter die Wiesen der noch deutlich erkennbaren Niederung.

Die Flora dieses von Keilhack als „interglazial" bezeichneten Torflagers von dem Charakter eines dem heutigen mindestens gleichen, wenn nicht etwas wärmeren Klimas, wird als Beweis für die Annahme angesehen, daß zur Zeit der Entstehung dieses Torflagers das Inlandeis sich bis tief nach Skandinavien zurückgezogen haben müßte.

Honerdingen in der Lüneburger Heide wurde von Weber als Typus eines interglazialen Torflagers hingestellt, Holst wies nach, daß es das normale Profil eines postglazialen Moores habe; die dünne Sandablagerung an den Rändern des Torfes ist von Regen aufgetrieben.

Ebenso ist für die Torflager am Nordostseekanal (Beldorf und Bornholt) keine stratigraphische Begründung für interglaziales Alter erbracht.

Wichtige Interglazialfunde wurden in Holstein und Lauenburg gemacht. Bei Oldesloe fand eine Bohrung

— 12,5 m oberen Geschiebemergel mit sandigen Einlagerungen,
— 32,8 „ Diluvialsande mit Ton und Geschiebemergelbank,
— 37,4 „ Interglazial, unten Brackwasserton, oben pflanzenreiche Modde,
— 115,6 „ unteren Geschiebemergel.

Aus dem Lauenburgischen nennt Gagel[1]) eine Reihe von Funden, wo unter Bedeckung von oberem Geschiebemergel Torf und

[1]) Zeitschr. d. geol. Ges. 1905, S. 436.

Diatomeenerde, an einer Stelle auch Ton mit Austern vorkommen, und festes Holz im oberen Geschiebemergel.

Einige der ostpreußischen Torflager darf man als postglazial ansehen, während man andere, wie die Purmallener Torfkohle und die von Widminnen, als präglazial bzw. glazial betrachten muß.

Andere interglaziale Süßwasserablagerungen, mit Konchylien u. a., die sich innerhalb der Endmoränenzone finden, sind vielfach so zu erklären, daß es Bildungen in offenem Wasser waren, die sich in dem Gebiet innerhalb eines Endmoränenbogens absetzten und die teils vom erneut vorstoßenden Eise, teils von dessen Schmelzwässern wieder überschüttet wurden. Hierzu kann man die Bildungen von der Umgebung Lübecks, von Korbiskrug, Zetthun i. Pr., Druschin u. a. rechnen. Hierzu wird auch zum Teil die (präglaziale?) Paludinabank gerechnet (s. oben), deren Verbreitung zwischen der Spree und Weichsel bekannt ist.

Eine Hauptstütze für die Annahme von Interglazialzeiten sind die Funde der diluvialen Landsäugetiere.

Es fragt sich aber: 1. Sind es Reste der an Ort und Stelle untergegangenen Tiere oder sind sie zusammengeschwemmt auf sekundärer Lagerstätte? 2. Sind diese Säugetierformen prä-, inter- oder postglazial oder gehören sie allen drei Zeitabschnitten an? 3. Sind die stratigraphischen Beweismittel ausreichend?

Manche Funde an den äußeren Randgebieten sind sicher präglazial, andere auch postglazial, viele sind deutlich verschleppt.

Eine berühmte Fundstätte ist Rixdorf bei Berlin:

Unter einer ziemlich gleichmäßigen Decke von 2 bis 5 m oberem Geschiebemergel bzw. -lehm und -sand liegen die mächtigen Diluvialsande, zum Teil mit Grandeinlagerungen; an ihrer unteren Grenze ist unmittelbar auf dem unteren Geschiebemergel eine Grandbank, welche meist die Säugetierreste führt. Der untere Geschiebemergel bildet nur mehr oder weniger mächtige Einlagerungen im Sand. Der unterlagernde Geschiebemergel selbst enthält Knochen und die *Paludina diluviana* auf sekundärer Lagerstätte, so können die Knochen auch in den überlagernden Sand auf tertiäre Lagerstätte gelangt sein. Das interglaziale Alter der Rixdorfer Fauna steht durchaus nicht fest.

Die untere Geschiebemergelbank ist gar keine mächtige Bank, sondern geht seitlich in Grand über und stellt eine Einlagerung im Sande vor, das mächtige Diluvium der Tiefbohrung zeigt darunter nur Sedimente. Es hat also hier ein länger andauernder Kampf zwischen Moräne und fluvioglazialen bzw. einheimischen Sedimenten stattgefunden, ohne daß eine eigentliche mächtige Moräne zum Absatz gelangte. Moräne und Grand haben dabei die in der Nachbarschaft befindlichen Tierreste in sich aufgenommen, so daß diese teilweise auf primärer Lagerstätte abgesetzt sind; die Reste sind typisch „glazial" und bezeichnen keine Epoche eines größeren Rückzuges des Eises infolge milderen Klimas. Wenn auf diese glazialen und fluvioglazialen Ablagerungen eine ziemlich gleichmäßige Decke von oberem Geschiebemergel abgelagert ist, so kann dies im Vergleich mit den zahlreichen anderen Wechsellagerungen im eigentlichen unteren Diluvium auf oszillatorische Vorstöße des Eises in der Zeit des allgemeinen Rückzuges zurückgeführt werden.

Für Skandinavien hat Holst nachgewiesen, daß echte Interglazialbildungen nicht vorkommen, Lagerungsstörungen können „intramoräne" Bildungen zustande bringen, aber der Schluß erscheint richtig, daß in Schweden nicht mehr als eine Eiszeit nachweisbar ist. Ähnliches wird sich für Dänemark geltend machen lassen. In beiden Ländern sind Schichten bekannt, deren Stellung als interglazial betrachtet wird (z. B. Hernö in Schweden, einige Süßwasserablagerungen und der Cyprinenton in Dänemark).

Auch in Rußland sind die sogenannten Interglazialbildungen nur scheinbar:

Grewingk akzeptierte 1879 die Zweiteilung des Diluviums der Ostseeprovinzen nach Berendt, indem er als obere Abteilung den vorherrschend rötlichen oberen Geschiebelehm inkl. Decklehm und Decksand oder Geschiebesand bezeichnete; er betont ferner, daß am Schlusse der älteren Glazialzeit eine bedeutende Abnahme der Eismassen und Zunahme des Wassers und eisfreien Landes stattgefunden zu haben scheint, wodurch sich verschiedene Eigentümlichkeiten erklären lassen; „dieser ersten Phase der altquartären Periode folgte diejenige der jüngeren Glazialzeit mit erneuter Eis- und Moränendecke, an sie schloß sich endlich die neuquartäre, alluviale oder postglaziale Zeit."

Auch E. v. Toll äußert sich in Anbetracht der Bohrprofile: Sande zwischen zwei deutlich geschiedenen Moränen und Funde von interglazialen Säugetierresten an der Windau auf sekundärer Lagerstätte, dahin, daß man die Möglichkeit einer zweifachen Vergletscherung für Kurland nicht a limine abweisen dürfe, wenn auch positive Beweise dafür noch nicht erbracht sind.

Nikitin stellte die Ostgrenze der oberen Moräne Litauens mit ihrem Zuge von Endmoränen fest und wies nach, daß die (alleinige) Moräne des inneren Rußlands der unteren Moräne Litauens, Polens und Norddeutschlands entspricht.

Gegenüber manchen Geologen, welche auch für Westrußland nicht zwei Eiszeiten anerkennen, verficht Krischtafowitsch die Annahme zweier Eiszeiten mit zugehörender Interglazialzeit.

Polen war nach ihm zweimal vereist, die erste Oszillation erreichte die Ufer der oberen Weichsel bei Krakau, die zweite aber überschritt nicht die Swento-Krzisker Berge und den Oberlauf der Warthe; die trennenden interglazialen Bildungen sind, nach Norden zu an Mächtigkeit abnehmend, bis zur kurländischen Grenze bekannt; nördlich davon liegt nur eine gemeinsame Untergrundsmoräne. Die südliche Grenze von Kurland ist die äußerste Rücktrittslinie des Gletschers der ersten Periode; von hier aus begann (in der zweiten Periode) sein Hervortreten nach Süden.

Bei Nowo-Alexandria, Kr. Lublin, zeigte Krischtafowitsch geschichtete Sande unter der typischen „unteren" Moräne; statt der letzteren treten auch ihre Zerstörungsprodukte auf; darauf bildeten sich in der ruhigen Interglazialzeit dünngeschichtete Tone, Sande und Pflanzenreste führende Lehme; zur selben Zeit fing auch die Ablagerung des Löß an; dieser wird fast nirgends von anderen Bildungen überdeckt. (Alles Erscheinungen des Postglazial!) Der Löß ist im Norden vertreten durch Ablagerungen der zweiten Moränenstufe. (Die Weichselterrassen, drei an der Zahl, werden als Repräsentanten der ersten Vereisung, der Interglazialzeit und der zweiten Vereisung aufgefaßt, die jüngste Terrasse ist postglazial.)

Krischtafowitsch beschreibt Aufschlüsse aus dem nördlichen Westrußland, von Grodno, Wilna und Kowno, aus denen er die Existenz von zwei Glazialepochen folgert: Bei Grodno sind in Seitenschluchten des Njemen zwei verschiedene Moränenbildungen durch geschichtete und organische interglaziäre Ablagerungen getrennt, letztere sind durch Massen geschiebefreier Sande getrennte Süßwassermergellager und ein Lignit- und feingeschichtetes Tonlager; ein Profil zeigt auf einem bis 18′ mächtigen sandhaltigen Geschiebeton geschichtete Sande, darüber weißen Süßwassermergel; in diesen wie in die Sande greift oft der hangende (an Geröll reiche) Geschiebelehm taschen- und kesselförmig ein; auf dem oberen Geschiebelehm liegt zum Teil noch Sand oder Lehm.

Im Gebiet des Niemen und zum Teil des oberen Dniepr kommen zwei getrennte Moränen, ein unterer grauer Geschiebemergel und ein oberer brauner, vor, getrennt durch mächtige, allerdings fossilfreie geschichtete Ablagerungen, die man nicht gut als lokale Zwischeneinlagerungen ansehen könne.

Interessante Interglazialablagerungen liegen bei Troitzkoe bei Moskau: In dem Gebiet des mächtigen typischen unteren Geschiebesandes findet sich ein sandiger Lehmmergel mit einem vollständigen Mammutskelett, neben Waldpflanzen und Sumpftieren des heutigen Zentralrußlands. Der Mensch lebte hier ebenfalls. Man hatte den Lehm als präglazial angesehen, da er unmittelbar auf dem mesozoischen Untergrund und unter dem unteren Blocksand liegt. (Durch spätere Verrutschung ist das Lager verändert.)

Nikitin parallelisierte die troitzkischen Lignite mit den präglazialen Lagern von Belzig und Lenzen. Krischtafowitsch fand dann unter dem Lehm Kies mit kristallinen Gesteinen und hielt denselben daraufhin für interglazial, seine Argumentation ist folgende:

Der mesozoische Gesteinsuntergrund ist stark zerstört und verrutscht; in den Niederungen sind Lehme mit undeutlichen Pflanzenresten abgelagert, sie sind auch der Zerstörung und Ausspülung anheimgefallen; auf dieselben setzten sich mächtige geschichtete Geschiebesande ab, an einigen Stellen mit Zwischenschiebungen von Ton. Nach dieser Periode der Anschwemmung und Denudation (welche der Glazialepoche entspricht) haben sich hier die schlammigen lakustrinen Ablagerungen gebildet, mit Resten der Wälder und dem Mammut, einem milderen Klima entsprechend. Darauf wurden wieder mächtige Sande abgesetzt, die allmählich in die gegenwärtige Oberflächenschicht übergehen. Danach ist die lakustre Ablagerung in lokalem Sinne „postglazial".

Andersson beschreibt eine *Brasenia*-führende Ablagerung in dem Gouvernement Smolensk aus dem Quellgebiet des Dnjepr.

Das Profil ist:

1,5 m Torf,
2,5 m grauer Sand,
2 m sandiger grauer Ton,
1,5 m torfhaltiger Ton mit den Pflanzenresten,
3,7 m grauer grober Sand, Grand, Gerölle,
9,1 m Geschiebelehm.

Der Ton enthält viel Mooslagen und Pflanzen, aus denen hervorgeht, daß er der Absatz aus einem flachen Gewässer ist, das viel Schlamm mitführte. Er ist sehr reich an Pflanzenresten, besonders *Batrachium* und *Brasenia*. Die Ablagerung ist zwar nicht intramoränen, aber Andersson vergleicht sie mit „interglazialen", z. B. mit Bornholt und Klinge, und kommt zu dem Ergebnis, daß „die fossile Flora von den Quellen des Dnjepr in einer Zeit nach dem Abschmelzen des großen skandinavischen Landeises gelebt hat, als das Klima in diesen Gegenden etwas wärmer war als in der Gegenwart; unserer jetzigen Kenntnis nach war diese Zeit höchst wahrscheinlich die Interglazialzeit".

Richtiger äußert sich Glinka darüber: „Vielleicht befand sich Smolensk schon außerhalb aller Glazialerscheinungen in der Periode der dortigen alten Torfe, während die Glazialdecke Rußlands noch nicht ganz verschwunden, sondern nur in die Grenzen des Psowskschen Gouvernements zurückgetreten war; nach dem Abnehmen der Glazialdecke begann in Smolensk eine (interglaziale) Flora sich zu entwickeln, in der folgenden Periode wuchs die Glazialdecke, doch wurde Smolensk von dieser Ausdehnung nicht berührt, sondern gelangte in die Tätigkeitssphäre der Gletscherwässer, denen die Bildung der geschiebefreien Lehme zuzuschreiben ist."

c) Die Verhältnisse nach dem Abschmelzen der Eisdecke.

Wir können unsere Schilderung der Eiszeit nicht abbrechen mit der Zeit, in der das Eis verschwand, sondern müssen auch die sich hieran anschließende Epoche betrachten, das sogenannte Postglazial, früher auch Alluvium genannt, welche in unsere Gegenwart hinüberführt.

Waren schon während der Eisbedeckung die Schmelzwässer immer tätig und hatten aus dem Moränenmaterial Schlämmprodukte in der verschiedensten Weise zum Absatz gebracht (so daß die Glazialablagerungen immer mehr oder weniger mit Fluvioglazialbildungen verknüpft sind), so gelangten dieselben zur Alleinherrschaft, als sich das Eis infolge des Überwiegens der Schmelzung zurückzog.

Man bezeichnet wohl auch die Zeit des Abschmelzens, den Schluß der Eiszeit, als die diluviale Abschmelzperiode oder das Spätglazial. Naturgemäß, bei der langen Dauer des Abschmelzens, erfolgte das Rückweichen des Eisrandes schrittweise und wird zudem noch vielfach von kürzeren erneuten Vorstößen oder Oszillationen des Eises unterbrochen sein, wobei sich schmale oder breite Gletscherzungen noch, oder wieder, auf das eisfreie Gelände vorschoben. Vom Außenrande beginnend und langsam nach dem Zentrum rückschreitend, trat das Abschmelzen am Außengebiete früher ein als in den mittleren Teilen und hier wieder früher als in den zentralen. So wird der Ausdruck „Abschmelzperiode" auch nicht das absolut gleiche Alter bezeichnen, sondern nur die gleiche Wertigkeit, im Außengebiet (im Westen, Süden oder Osten) also schon eingetreten sein, als weiter nördlich noch „Eiszeit" herrschte.

Verfolgen wir nunmehr die Ablagerungen und Oberflächenumgestaltungen jener Zeit.

α) Wirkungen der Schmelzwässer.

Das Schmelzwasser des Eises hat einen ganz hervorragenden Anteil an der Entwickelung der Oberflächengestaltung genommen. Die Umformung des Geländes ist nach dem oben

Gesagten somit geologisch gleich alt mit den letzten Grundmoränen-, Endmoränen-, Sandr- und Talbildungen.

Das Abschmelzen der enormen Eismassen lieferte ganz ungeheure Mengen von Wasser; die mannigfachen Wirkungen dieser Wassermassen sind so in die Augen fallend, daß gerade sie dem Diluvium, unserem „Schwemmland", das Gepräge aufzudrücken scheinen. Man muß sich vorstellen, daß das ganze von dem schwindenden Eise bedeckte oder schon von ihm verlassene Gelände gewissermaßen plötzlich unter Wasser gesetzt wurde und daß hier Stromschnellen und Wasserfälle eine gewaltige Arbeit der Ausstrudelung, Abtragung und Zerfurchung leisteten[1]).

Diese Gewässer waren natürlich nicht rein, sondern führten große Massen von Schutt und Schlamm mit sich. Weiter werden (ebenso wie in den Sommern der Eiszeit selbst) aufgeweichte Schnee- und Eisschlammmassen in Bewegung geraten sein und als Gleiterde und Schlammeis eine große Rolle bei der Verfrachtung von Schutt gespielt haben; es ist wahrscheinlich, daß dabei manche Gebilde abgesetzt wurden, die mit echter Moräne oder deren Rückstand zu verwechseln sind. Endlich waren natürlich auch Eisschollen auf den Flüssen und Seen tätig. Aufstau von Gewässern wird zur Bildung von Staubecken (mit Terrassenbildung bei ruckweiser Entleerung) Veranlassung gegeben haben. An geeigneten Stellen konnte dort Ton oder Kalk, vielleicht auch mit Fossilien, abgesetzt werden.

Vor dem Eisrande breiteten die abströmenden Gletscherbäche das aufgearbeitete Moränenmaterial in Kiesen, Geröllen und Sanden aus, die weiten Kiesflächen der „Sandr" bildend, entsprechend den Sandr, sandsletter, in Island, in denen mächtige Gletscherbäche ihr Geröll ablagern, fortwährend ihren Lauf verändernd und ihr Bett erhöhend und wohl auch steilere Kieshügel, die Kiesmoränen, aufwerfend. Die Sandr stellen gewissermaßen

[1]) Um über die Mengen der Schmelzwässer sich eine ungefähre Vorstellung zu machen, wollen wir annehmen, daß z. B. auf dem mecklenburgischen Boden eine vielleicht 1000 m dicke Eisschicht gelegen hatte; dies gibt ein Eisquantum, welches bei dem Schmelzen etwa 160 Billionen Hektoliter Wasser geliefert hätte. Auch wenn man nur eine Dicke von 10 m annehmen würde, ergäben sich noch $1^1/_2$ Billionen Hektoliter Wasser für den Boden des kleinen Mecklenburg.

große Inundationsflächen vor, in denen dann das Wasser den soeben aufgeschütteten Boden in regelmäßiger oder ordnungsloser Weise austiefte, bis sich endlich von der allgemeinen Inundationsfläche nach einer oder mehreren Seiten ein mehr oder weniger geregelter Abfluß entwickelte. Weiterhin setzten die Gewässer den feinen, bis dahin suspendierten Sand, den Talsand, ab, erst noch weiter auch den Ton, die **Marscherde**.

So findet man überall im Anschluß an den Außenrand der Endmoränenbogen diese Sandr in mehr oder weniger reiner Entwickelung, oft gelangt man mit einem Schritt aus dem Gebiete der Endmoräne in das kiesige Sandrgebiet, zuerst noch mit steinigem Kiesboden und welliger Oberfläche, mit Kesseln und Trockentälern, bis allmählich unter Verringerung der Steine sich die reine Feinsand-Heideebene entwickelt, mit flachen Talanfängen und flachen moorigen Depressionen.

Ein anderes, auf das Gebiet innerhalb der Endmoräne beschränktes Gebilde ist der namentlich in Ostpreußen, Hinterpommern und bei Lübeck verbreitete „Deckton". Derselbe ist bisweilen von Sand überlagert und geht auch seitlich in Sand über. Er muß in ruhigen Becken abgesetzt sein, zum Teil waren es auch Seen im Eise selbst, mit der Grundmoräne als Boden, die Ton und feinsten Sand durch supraglaziale Zuflüsse erhielten.

Der Tätigkeit der Schmelzwässer verdanken sowohl die weiten, meist von tiefen Alluvialmassen erfüllten Flußtäler und viele Seen, welche Überreste solcher Ströme sind, als auch zahlreiche der isolierten oder durch spätere kleinere Abflüsse entwässerten Seen, Teiche, Sümpfe, Moore, Kessel und Sölle ihren Ursprung.

Die meisten unserer Täler sind zu weit und zu tief für ihr jetziges Drainagesystem, viele sind überhaupt frei von fließendem Wasser, andere haben ein dem ursprünglichen Gefälle entgegengesetztes Flußsystem, alle zeigen eine viel größere Erosionswirkung, als sie das heute in ihnen fließende Wasser hervorzubringen imstande wäre.

Berendt erkannte, daß am Rande des immer weiter nach Norden zurückweichenden Eises durch dessen Schmelzwässer die mächtigen sogenannten „Urstromtäler" entstanden sind, deren Lauf in O.—W.- bzw. OSO.—WNW.-Richtung durch die Talanteile der heutigen Ströme sowie die verbindenden Niederungen deutlich erkennbar ist. Sie sind nacheinander von S. nach N. entstanden, so daß das südlichste, das „Berlin-Hannoversche oder Breslau-Magdeburger Tal" das älteste ist; ihm folgen das „Glogau-Baruther", das „Warschau-Berliner" und endlich das „Thorn-Eberswalder Tal". Sie hatten ihren Abfluß zuerst vielleicht durch das untere Wesertal, später durch das untere Elbtal. Außer diesen südlich des baltischen Höhenrückens verlaufenden Tälern entwickelte sich ein fünfter, nördlich des Rückens vor dem Innenrande der baltischen Endmoränen verlaufender Urstrom, der „baltische Urstrom", dessen Lauf heute zum größten Teil von der Ostsee verhüllt wird. Fig. 8 (S. 43) zeigt den Verlauf dieser Urstromtäler; der „baltische" ist in seinem von der heutigen Ostsee bedeckten Laufe nicht markiert (vgl. Peterm. geogr. Mitt. 1903, Taf. 3).

Im allgemeinen entsprachen dem jeweiligen Nordrande der Urstromtäler die durch Endmoränen oder das Auftreten der charakteristischen Grundmoränenlandschaft, sowie durch die Sandr gekennzeichneten Stillstandslagen des Eisrandes.

Innerhalb der großen Talniederungen finden sich oft scharf gegeneinander abstoßende Talsandterrassen, teils dieselbe Höhe beibehaltend, teils allmählich an Höhe abnehmend. Keilhack führt diese Erscheinung auf große, hintereinander gelegene und nach und nach abgezapfte Stauseen zurück, deren Geschichte zum Teil sehr genau zu verfolgen ist.

Den großen Sammelrinnen strömten von Süden die einheimischen, von Norden die Gletscher-Flüsse zu und zerfurchten das Diluvialplateau. In späteren Phasen benutzten die Hauptströme bei dem Nordwärtsverlegen ihres Laufes teilweise diese (früher entgegengesetzt gerichteten) Läufe und erhielten so die auffällige rechtwinkelige Umbiegung, während Teile der alten Talläufe versiegten und zu moorigen Verbindungsniederungen wurden. In Ostpreußen ist das Vorhandensein eines riesigen, bis nach Rußland reichenden Stausees von Kaunhowen und Krause nachgewiesen, dessen Entwässerung wahrscheinlich teilweise mit die deutschen Urströme speiste.

Bei rascher Erosion, welcher später keine alluviale Ausfüllung folgte, bildeten sich oft scharf ausgeprägte Trockentäler.

Die Seen. Die zahlreichen Seen Norddeutschlands sind in ihrem Vorkommen wesentlich auf die „baltische Seenplatte" beschränkt und müssen wohl nach ihrer Entstehung in engem Zusammenhang mit derjenigen der Seenplatte oder ihrer jungdiluvialen Ablagerungen stehen.

Die verschiedenen Auslotungen haben ergeben, daß die Bodengestaltung unterhalb des Seespiegels oft derjenigen des Geländes oberhalb desselben entspricht (in einfachem Gelände einfache Formen, in stark kupiertem mannigfach gegliederte, mit Inseln und Halbinseln, raschem Wechsel der Tiefen).

Die norddeutschen Seen haben verschiedene Entstehungsart. Man kann sie einteilen in:

1. Evorsionsseen, durch vertikal oder schräg wirkende Schmelzwasser ausgestrudelt. „Sollseen". Teilstücke vieler reich gegliederter Seen u. a. Ufer mit Abschnittprofil.

2. Grundmoränenseen, die Vertiefungen der kupierten Grundmoränenlandschaft einnehmend; der obere Geschiebemergel reicht von den Höhen bis an und unter die Ränder der Seen, ohne Abschnittsprofil. „Durch die unregelmäßige Lagerungsform der unterdiluvialen Sande und Grande und die darüber gebreitete Grundmoräne, welche den Höhen und Tiefen folgte und das vielgestaltige Relief noch mannigfach beeinflußt hat, wurde eine für die Ansammlung großer Wassermassen günstige Oberflächengestalt dargeboten und so Veranlassung zur Bildung zahlreicher Seen gegeben."

3. Stauseen:
   a) Hinter Endmoränen aufgestaute, flache Becken mit Sandboden, oft von bedeutender Ausdehnung.
   b) Die nur vom jeweiligen Eisrande aufgestauten Becken. An beiden Terrassenbildung möglich.

4. Rinnen- oder Flußseen, völlige oder teilweise Wassererfüllung von früheren Flußläufen, in Durchbruchstälern bei Endmoränenzügen, in der Grundmoränenlandschaft oder in Sandrn (subglazial oder extraglazial = „Finger-lakes" in Nordamerika) entstanden.

5. Falten- oder Muldenseen, durch Wasseransammlung innerhalb glazialer bzw. älterer Mulden entstanden. Die Senken können ev. auch durch Dislokationen, Gräben u. a. verursacht sein.

6. Gletscher-Erosionsseen, durch unmittelbare Glazialerosion entstanden. Im Hintergrunde Glazialstauchungen; können am Ende von Mulden- und anderen Seen als Kombination vorkommen.

7. Einsturzseen, Ausfüllung von Pingen; selten.

8. Strandseen, durch Dünen u. dgl. abgeschnittene Mündungstrichter u. a.; selten.

Den norddeutschen Seen schließen sich eng diejenigen der russischen Kleinseelandschaft an. Die zahllosen kleinen und

Fig. 11.

großen Seen Fennoskandias zeichnen sich dadurch aus, daß sie häufig tiefer sind und in festen Fels eingelassen erscheinen; ihre Entstehung ist ebenfalls verschiedener Art. Gute Beispiele von Stauseen finden sich sehr häufig. Auch können solche Seen später wieder erweitert worden sein; derartige Beispiele hat man in Skandinavien.

Wie sich aus den jüngsten Schrammen und Leitblöcken ergibt, lag die Eisscheide im mittleren Skandinavien östlich von der Wasserscheide. Als dann letztere eisfrei wurde, bildeten die nach Westen von der Eisscheide abströmenden Abflüsse Seen, die einerseits von der Wasserscheide, andererseits von dem Eise aufgedämmt waren und einen Abfluß nach Norden fanden. Hierauf sind die Strandlinien zurückzuführen, die sich zu verschiedener Höhe in vielen Tälern finden, ferner die Ton- und Sandablagerungen, in denen jede Spur von marinen Tieren fehlt. Bei dem weiteren Abschmelzen verschwanden dann diese Seen, das Wasser floß nach Osten ab, die jetzigen Wasserläufe bildeten sich.

An einem wohlausgebildeten System von Strandlinien (besonders am Kallsee) ist zu sehen, daß die aufgestauten jemtländischen Seen mit ihren Wassermengen als ein einheitliches Ganzes aufgefaßt werden können, daß sie zuerst im Westen in getrennten Becken auftraten, dann sich gegen Osten vorschoben, zu einem einzigen großen Wasser vereinigten und zuletzt sich wieder in einzelne Teile auflösten. In diesem wandernden, als „Zentraljemtländer-Eissee“ bezeichneten See lassen sich sieben Entwickelungsstadien erkennen.

In dem südwestlichen Randgebiete der nordeuropäischen Vereisung sind es die sogenannten spätdiluvialen Fluviatilbildungen und zum Teil das „Sanddiluvium“ Hollands, die hierher gehören.

Eine im Gebiet der Grundmoräne weit verbreitete Oberflächenerscheinung sind die „Sölle[1])“. Zu Tausenden finden wir sie in Norddeutschland, besonders im Gebiet der baltischen Seenplatte, als kleine runde, bis einige Meter tiefe, trichterförmige Vertiefungen mit steilen Rändern, meist mit Wasser angefüllt, oder vertorft und zugepflügt; ohne sichtbaren Zu- und Abfluß stellen sie natürliche Zisternen inmitten des Geschiebelehmbodens dar (s. Fig. 11). Gewöhnlich werden sie als ungefähr den Riesentöpfen analoge Strudelkessel angesehen, durch die Schmelzwildwässer in dem Boden ausgestrudelt, evortiert (zum Teil auch als durch spätere randliche Alluvionen verkleinerte frühere Wasserniederungen).

[1]) Der Soll ist ein plattdeutsches Wort, in hochdeutsch wird jetzt meist der Ausdruck Wasserloch gebraucht.

β) Einfluß des Windes.

Die vom Wasser verlassenen Talsandebenen unterlagen dem Einfluß des Windes, der Wind ebnete hier große Flächen ein, häufte dort den Sand zu Dünen auf oder trieb ihn die Uferhöhen hinauf, um das Plateau mit einer Decke von Flugsand zu überziehen. So finden sich in den meisten größeren Feinsandgebieten, besonders der Talsande und der Sande, da, wo es die topographischen Verhältnisse gestatteten, Binnendünen in oft sehr großem Maßstabe entwickelt. In buntem Wechsel ihrer Formen bilden sie bald flache Wellen, bald steile Hügel, langgestreckte Rücken und Kuppen, isoliert oder zu wirren Gruppen oder dammartigen Zügen vereinigt. Zwischenschichten von humusreichem Sand zeigen die erneute Überwehung einer einst bewachsenen Düne an.

Fig. 12.

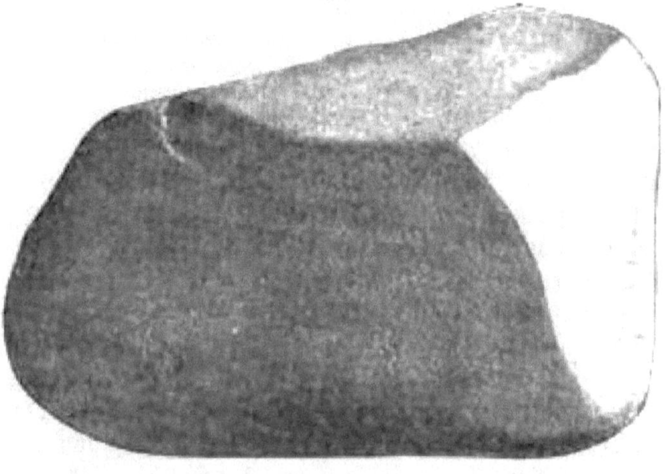

Kantengerölle, cambr. Sandstein, 35 cm lang. Malliss.

Wo aus einem Kiesfeld der Feinsand ausgeblasen ist und der Wind den Sand auf Steine aufgetrieben hat, finden wir die Kantengerölle, Dreikanter oder sandgeschliffenen Steine in ihren mannigfaltigen Ausbildungsformen (s. Fig. 12). Die Kantengerölle sind in den Heidegebieten und unter dem Löß sehr häufig, von Sachsen bis in die baltischen Länder.

Bemerkenswert ist hier die von Meinardus geäußerte Vermutung, daß am Schluß der Eiszeit in Norddeutschland östliche Winde vorherrschten; solange nämlich über Skandinavien noch Reste des Inlandeises lagen, bestand über diesem Gebiet die Tendenz zur Ausbildung einer Antizyklone, an deren Südseite (d. i. in Norddeutschland) trockene und kalte östliche und nordöstliche Winde wehten.

Anhangsweise mag noch der Fulgurite oder Blitzröhren gedacht sein, die in manchen Sandgebieten Norddeutschlands als rezente Bildungen gefunden werden.

γ) Alluviale Ausfüllung stehender Gewässer und von Bodenniederungen.

Die alluviale Ausfüllung der von den Schmelzwässern erodierten Bodensenken lieferte außer Sanden oder Tonen Moorerde, Wiesenkalk und Torf (auch Vivianit und Raseneisenerz gehören zu den alluvialen Neubildungen).

Den Bildungsvorgängen entsprechend trifft man in den Tal- und Seenniederungen gewöhnlich folgende Dreigliederung der Alluvionen:

1. Zu unterst Sande, von dem noch strömenden Wasser abgesetzt, oder Ton, als Zusammenschwemmungsgebilde aus der Umgebung.

2. Moorerde oder Wiesenkalk, Faulschlamm, als Produkt des langsamer fließenden bzw. stagnierenden Wassers, mit üppiger Wucherung des Algen- und Konchylienlebens.

3. Torf, aus den Pflanzen entstanden, welche allmählich von der Niederung Besitz ergriffen.

Die Moore finden wir in allen früher vereisten Gebieten.

In Finnland nimmt der Torf ungefähr ein Fünftel der ganzen Landoberfläche ein. Die norwegischen Torfmoore nehmen 12000 qkm = 3,7 Proz. der Landoberfläche ein und sind meist in ihrer Hauptverbreitung auf die Küstenstriche beschränkt. In Dänemark nehmen die Torfmoore und Sümpfe ungefähr 25 Quadratmeilen ein; das größte ist das Gr.-Vildmos in Vendsyssel. Bekannt sind die weiten Strecken von Mooren im nordwestlichen Deutschland und Holland. In Oldenburg und der Provinz Hannover sind 17 Proz. der Landfläche von Mooren eingenommen, in Pommern 10,2, in der Provinz Preußen 6,4, in Sachsen 3,3 Proz. In Küstengebieten sind die von Wanderdünen oder Strandwällen überschütteten Moore nicht selten; der Torf ist stark gepreßt, sogenannter Meerestorf, martörv.

Wir wissen, daß in alten Zeiten das trockene Land bedeckt war von den gewaltigen Urwäldern, zwischen denen sich riesenhafte Flächen unwirtlicher Sümpfe ausdehnten; noch bis in historische Zeit spielten die Moorniederungen für Verkehr, für Burg- und Städteanlagen eine wichtige Rolle, später lernte der Mensch sie sich nach verschiedenen Richtungen hin dienstbar zu machen. Die eingehende wissenschaftliche Untersuchung der Moore, namentlich von botanischer Seite, hat nicht nur klares Licht auf die Bildungsart derselben geworfen, sondern noch viele weitgehende Schlußfolgerungen über klimatische Verhältnisse, über die Einwanderung und Verbreitung der Flora u. a. m. gezeitigt.

Die kleinen und tiefen „Waldtorfmoore" der nördlichen Umgebung Kopenhagens zeigten die Geschichte der nach und nach zu Torfmooren umgewandelten Seen. Hier wies Japetus Steenstrup im Jahre 1841 die für alle späteren Torfmooruntersuchungen klassische Reihenfolge der Floren nach:

Hochgebirgs- oder nivale Vegetation,
Espen (Zitterpappel) -Periode,
Kiefernperiode,
Eichenperiode,
Erlen (Buchen) -Periode,
Abschließend mit der heutigen Waldvegetation.

Die arktische (nivale) Flora bildet einen festen Anhaltspunkt zur Orientierung in den jüngsten Ablagerungen und eine Hauptgrenze zwischen der Eiszeit und der Jetztzeit. Das nivale Klima gilt als rauh und stürmisch, auch in den kurzen, zwei- bis dreimonatigen Sommern.

Den Aufbau kleinerer Moore erläutern recht schön Profile aus südschwedischen Mooren:

1. In den kleinen Becken der Moränenlandschaft lagert blaugrauer, unten deutlich geschichteter glazialer Süßwasserton, der „Dryaston", in dessen untersten Lagen Blätter von *Salix polaris*, *Dryas octopetala*, auch *Salix herbacea* vorkommen, während nach oben neben häufiger werdender *Dryas* auch *Betula nana* und *Salix reticulata* hinzukommt, *Salix polaris* aber verschwindet.

Die Flora, welche hier nach dem Abschmelzen des Eises zuerst auftrat, war also rein arktisch, entsprechend der gegenwärtigen von Spitzbergen und den skandinavischen Hochgebirgen.

Es ist das Verdienst A. G. Nathorsts[1]), die arktische Flora in

[1]) Vgl. Nathorst, Über den gegenwärtigen Standpunkt unserer Kenntnisse von dem Vorkommen fossiler Glazialpflanzen. Bih. Vet. Ak. Handl. Stockholm, 17, III, 5 (1892).

dem ganzen Gebiet der früheren Verbreitung des skandinavischen Landeises nachgewiesen zu haben, in Schweden, Norwegen, Dänemark, Norddeutschland, den Ostseeprovinzen, England. Die Glazialflora umsäumte den Rand des Eises bei dessen größter Ausdehnung und seinem Rückzug.

2. Oft wird der Dryaston von Schneckengytja, sogenannter bleke, überlagert, einem weißlichen Schlamm mit zahlreichen Schalen von Süßwasserkonchylien, Ostrakoden, Charafrüchten, Diatomeen u. a. Der Befund von arktischen Pflanzen weist auf den Fortbestand des bisherigen Klimas; an anderen Stellen aber finden sich erst später eingewanderte Mollusken, wie *Bithynia tentaculata, Planorbis corneus, Limnaea stagnalis* u. a.

In den oberen Lagen des Dryastones finden sich Blätter von größeren Weidenarten; es zeigt sich somit keine scharfe Grenze zwischen den spät- und postglazialen Lagern.

3. In ununterbrochener Folge können die erwähnten Ablagerungen in den bedeckenden Torf übergehen; wenn die Schlammzufuhr verringert wurde, entwickelte sich in der späteren Zeit ein reiches Leben von niederen Tieren und Algen mit einzelnen höheren Wasserpflanzen. Schalen von Diatomeen, Reste von anderen Algen, Exkremente von Mollusken, Ostrakoden und von Insektenlarven, Fragmente von Wasserpflanzen, Pollenkörner, Insektenreste usw. wurden auf dem Seeboden angehäuft zu einer geleeartigen, bräunlichen oder grünlichen Masse, der sogenannten „Gytja", Moorerde. Dieselbe enthält außerdem noch Blätter von Bäumen und anderen Pflanzen, welche in der Umgebung des Sees lebten. Eine andere Varietät ist die Diatomeenerde, Kieselgur.

4. Mit Zunahme des Waldes wurden dem See immer mehr humusartige gelöste Substanzen zugeführt, aus dem braunen Wasser wurde nun am Seegrund der Torfschlamm abgesetzt, eine dunkelbraune, ziemlich homogene Masse, bestehend aus huminsaurem Kalk und Eisenoxyd, mit Exkrementen und Resten niederer Tiere und undeutlichen Pflanzenresten.

5. Der Torf selbst enthält noch erkennbare Pflanzenreste, wie Stämme, Zweige, Blätter, Früchte, Samen.

Nach den Pflanzen, welche den Torf bilden, unterscheidet man, abgesehen von „Waldtorf", der von den Resten des umgebenden Waldes gebildet ist, hauptsächlich zwei Typen, das Hochmoor und Flachmoor.

Hochmoore (Heidemoore) sind über Wasser oder in Teichen mit kalkfreiem Wasser (supra-aquatisch) gebildet; sie bestehen im wesentlichen aus Torfmoos (Sphagnum), Heide und Wollgras; ihre Oberfläche ist vielfach flach gewölbt. Flachmoore (Wiesen- oder Grünlandmoore) erfordern dauernde Benetzung von stagnierendem oder langsam fließendem, hartem Wasser (infra-aquatisch);

ihre Flächen überragen nur das Mittelniveau des Wassers; in flachen Talsenken aus Gräsern und Riedgras mit Sumpf- und Wasserpflanzen gebildet.

Die Schichtenfolge eines normal aufgebauten norddeutschen Moores, das aus einem stehenden Gewässer entstanden und bis zum Hochmoor fortgeschritten ist, ist nach Weber von unten nach oben folgende:

1. Limnische Bildungen mit überwiegend mineralischer Beimengung (Seemudde, Seekreide, Seeschlick usw.).
2. Limnischer Niederungsmoortorf (Schlamm-, Leber-, Muddetorf usw.).
3. Telmatischer Niederungsmoortorf (telmatischer Schilftorf, Seggentorf usw.).
4. Semiterrestrischer Niederungsmoortorf (Bruchwald- usw.).
5. Übergangswaldtorf (terrestrisch).
6. Scheuchzeria- oder Eriophorumtorf.
7. Sphagnumtorf.

In zahlreichen Torfmooren findet man aufeinanderfolgende Schichten von Baumstubben und Torfmoorlagern. Dies veranlaßte die bekannte Theorie der wechselnden kontinentalen und insularen Klimate von A. Blytt, welche wir in folgender Übersicht veranschaulichen:

1. Arktisch: Kontinentales Klima, *Dryas, Salix polaris, reticulata, Betula nana.*
2. Subglazial: Torf mit *Betula odorata, Populus tremula*, Salixarten, Klima feucht, nasse Moore = Espenzeit.
3. Subarktisch: trockne Periode, viele Moore trocknen aus und werden mit Wald bewachsen, Einwanderung der Kiefer.
4. Infraboreale Zeit: feuchtes Klima, Torfbildung mit nordischem Charakter, in Dänemark herrscht die Kiefer = Kieferperiode.
5. Boreale Zeit: trocken, Wurzelschicht, erste Zeugnisse eines milderen Klimas. *Corylus avellanus* und Eiche häufiger als jetzt.
6. Atlantische Zeit: feucht, mild, Wintereiche (*Quercus sessiliflora*) verbreiteter = Eichenzeit.
7. Subboreale Zeit: Wurzelschicht, Trockenperiode, Eiche und Hasel verbreiteter als jetzt.
8. Subatlantische Zeit: jüngste Torfschicht, feuchteres Klima; letzte Zeit der Hebung = Buchenperiode Steenstrups.
9. Die rezente Wurzelschicht auf vielen Mooren entspricht der gegenwärtigen Trockenperiode.

Auch manche Kalktufflager lassen einen ähnlichen Wechsel erkennen.

Weber schließt aus der Pflanzenfolge der nordwestdeutschen Hochmoore, daß nach der Eiszeit zwei wärmere, trockene und zwei kühlere, feuchte Perioden einander folgten, deren eine noch in die Gegenwart reicht; die Grenzschicht fällt wohl in die wärmere und trockene Periode der Ancyluszeit[1]).

Die Torfmoore bezeichnen ja den Ort früherer Seen und Gewässer und illustrieren so den früheren enormen Wasserreichtum des Landes; dies war auch für die Verbreitung der Wasserpflanzen günstiger.

So zeigen die Moore Finnlands folgendes Schema:

1. Periode der Potamogetoneen, entspricht der Dryasflora.
2. „ „ Nymphaeaceen, entspricht der Birken- und dem Anfang der Kieferflora.
3. „ „ Wassernuß, entspricht dem Ende der Kiefer- und Eichenflora.
4. „ „ Einwanderung der Wasserpest entspricht dem Einfluß des Menschen.

Die eingehende Untersuchung der in den verschiedenen Niveaus der Torflager gefundenen Pflanzenreste, die wir A. G. Nathorst, G. Andersson u. a. zu verdanken haben, ergab, daß sich nach dem Abschmelzen des Landeises die Pflanzen über das damals durchaus vegetationslose Skandinavien auf zwei Straßen verbreiteten, einer südwestlichen über Dänemark nach Südschweden und einer östlichen über die Ostseeprovinzen und Finnland nach dem nördlichen und mittleren Schweden:

1. Sofort nach dem Schmelzen des Eises ergriff die arktische oder Dryasflora Besitz von dem nicht vom Meere bedeckten Lande.

2. Die Birkenflora entspricht den ersten Wäldern in Skandinavien: *Betula odorata* war allein vorherrschend, daneben noch die Espe; später wanderten noch andere Bäume ein.

3. Die Kiefernflora folgt in Dänemark, Schweden und Norwegen auf die Birke und Zitterpappel; die Zeit war sehr lang, in der die Kiefer der einzige wichtige Waldbaum war. Es kommen aber schon in dem unteren Teile dieser Zone außerdem vor: Eberesche, Ahlkirsche, Himbeere, Adlerfarn u. a., in den oberen Schichten: Schwarzerle, Bergulme, Hasel, Linde u. a.

4. Eichenflora. Die Eiche fand sich während oder vor Beginn der postglazialen Senkung ein. Allmählich haben sich die Eichenwälder

---

[1]) Die wichtige Arbeit C. Webers über die Geschichte der Pflanzenwelt des norddeutschen Tieflandes seit der Tertiärzeit (Botan. internat. Kongreß zu Wien 1905, Jena 1906) konnte nur noch während der Korrektur hier angeführt werden.

von Südwesten her, zuerst über Dänemark, dann über Schonen nach Mittelschweden ausgedehnt. Zur Zeit, als die Eiche ihre größte Verbreitung hatte, war das Klima in Schweden etwas wärmer als gegenwärtig. Ungefähr gleichzeitig erschienen mit der Eiche mehrere andere wichtige Pflanzen, wie Spitzahorn, Esche, Mistel, Efeu und während der lokalen Erwärmung an den Küsten des Kattegat breiteten sich hier bis Westnorwegen sogar südlichere, insulare Pflanzen, wie *Ilex aquifolium, Digitalis purpurea* u. a aus.

5. Die Buchenflora, die auch gegenwärtig nur in den südlichen Provinzen Schwedens wirkliche Wälder bildet, scheint zuletzt eingewandert zu sein.

Finnland hat einige der früher nach Schweden gelangten Arten auf dem östlichen Wege erhalten, z. B. die Eiche und die Wassernuß.

6. Fichtenperiode. Gegen Ende der letzten Epoche der Eiszeit scheint die Fichte in Westeuropa gänzlich ausgestorben gewesen und weit nach Osten verdrängt worden zu sein. Fichte und Buche sind also zuletzt eingewandert und haben sich auf Kosten der anderen Baumarten gegenwärtig verbreitet.

Auch in Holland sind die Moore entweder Hoch- oder Flachmoore. Das größte Hochmoor ist das berühmte Bourtanger Moor (nach der früheren kleinen Festung Bourtangen an der hannoverschen Grenze genannt). Die Mächtigkeit des Torfes ist dort 1,5 bis 6, zum Teil auch 8 m. Das Auftreten von Flugsandmassen, die älter sind als der Torf, scheint eine Periode der Trockenheit zu verlangen, welche der Abschmelzzeit folgte; während dieser Periode konnten Stürme die Sandwüste bearbeiten. Eine folgende feuchtere Zeit ermöglichte dann die Bildung der Hochmoore. In verschiedenen Niveaus finden sich in dem Torf des Bourtanger Moores Baumstümpfe, die einer (vielleicht wiederholten) Trockenperiode entsprechen, welche die Torfbildung unterbrach. Durch die Kultur ist mehr als die Hälfte der einstigen Hochmoorflächen verschwunden.

Die Niedermoore nehmen eine breite Zone der Provinz Süd- und Nordholland ein, zum Teil sind sie allerdings schon ausgestochen, zum Teil auch vom Meere bedeckt, wie der Zuider See und Haarlemer See.

In Westflandern ist der 1 bis 3 m dicke Torf bis Dünkirchen meist von marinem Ton überlagert und ruht auf marinem Ton oder Sand. Mehrfach reichen die Moore in das Meer hinaus.

Bisweilen finden sich in den südlichen Niederlanden auch sehr tief unter Meeresspiegelhöhe liegende Moore, bedeckt von Sand oder Ton.

Vielfach finden sich inmitten der Torfniederungen noch Überreste der einstigen Wasserfläche als kleine oder größere Seen, die sogenannten „Blänke“. Ähnliche Wasserflächen auf Hochmooren, die Meere oder Teiche, werden als Reste flacher Mulden oder durch Quellen entstanden erklärt, andere haben ihren Ursprung in Wasseransammlungen in und zwischen den Bulten in regenreichen Perioden; das Wasser vertieft und erweitert das Becken, Algen treten als Zerstörer des lebenden Sphagnum hinzu.

Wie man in Seen flache oder höhere Inseln des Plateaus findet, so liegen auch solche Horste, Werder oder „Woorte" in großer Anzahl in manchen Torfmooren verteilt.

Im Torf tritt als Neubildung nicht selten der Vivianit (Blaueisenerde) auf; auch kommt es in manchen Mooren und Sümpfen zur Bildung von Raseneisenerz (Sumpferz, Klump), selten auch von Manganwiesenerz.

d) Die postglazialen Niveauschwankungen.

Das vor der Eiszeit hoch liegende Land Nordeuropas erfuhr bereits während der Eiszeit verschiedenartige Senkungen, deren Ausdehnung und Betrag aber noch nicht feststehen.

Auch am Schlusse der Vereisung fanden in dem Ost- und Nordseegebiet auffällige Niveauschwankungen statt.

Schon lange hatte man hoch liegende Strandlinien, Terrassen, Muschelbänke und marine Konchylien führende Sedimente konstatiert, aus denen hervorging, daß die skandinavische Halbinsel seit der Diluvialzeit Niveauschwankungen erfahren hatte.

Viele norwegische Täler werden von Moränen abgeschlossen; die Moränen bilden verschieden gestaltete Rücken, während sich die Terrassen als weite Ebenen, Sandflächen ausbreiten. Die Terrassen bezeugen ein verhältnismäßig rasches, ruckweises Erheben des Landes. Die Strandlinien sind horizontale, an der Bergseite zum Teil wie Chausseelinien hinlaufende, durch den Wogenschlag in die Felswände eingegrabene Wassermarken; bisweilen finden sich zwei übereinander liegende Linien. Hansen bezeichnet die Strandlinien als „Seter", die drei Teile eines Seters sind der Rücken, die horizontale Ebene und der geneigte Fuß.

Die Hebung war im Innern bedeutender als an den Küsten, die Nullkurve fällt in Norwegen mit dem kontinentalen Sockel zusammen. Die Horizonte der höchsten Terrassen und Strandlinien sind von de Geer und Ramsay in Isobasendarstellungen klargelegt worden (s. Fig. 13 a. f. S.).

Das Ostseebecken in postglazialer Zeit.

Nach dem Rückzug des Eises über das Ostseebecken hat letzteres in verhältnismäßig rascher Folge von Niveauschwan-

Fig. 18.

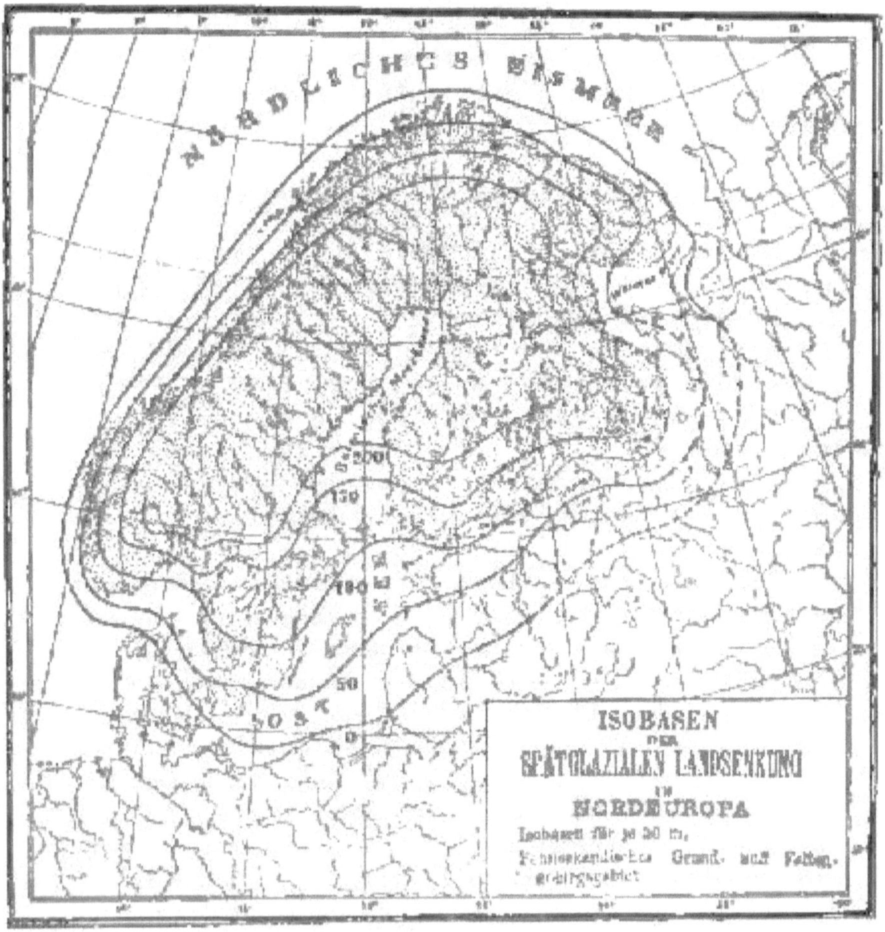

kungen drei wechselnde Phasen durchgemacht, welche man mit den Namen der Yoldia-, Ancylus- und Litorinazeit bezeichnet.

1. Die spätglaziale Abschmelzzeit, die Yoldiazeit, das spätglaziale Eismeer.

Die Funde von Walen und anderen Meerestieren in Westgotland und anderen Orten 100 m über dem jetzigen Meeresspiegel, die arktischen Formen, wie *Yoldia arctica* und *Idothea entomon*, in dem Ton des westlichen Schweden, die von Eisbergen erzeugten Schichtenstörungen des Tones und Driftblöcke in demselben erweisen, daß gewisse Teile des Landes unter dem Meere lagen; auch glaubt man, daß damals das Klima ein hocharktisches war; indessen weist Holst nach, daß auch schon zu Beginn dieser Zeit die Lufttemperatur eine hohe war, ein rasches Abschmelzen des Eises verursachend!

Die Grenze dieses Eismeeres läßt sich außer durch das Vorkommen des Eismeertones durch die Strandwälle bestimmen. Dieses „spätglaziale Eismeer“ oder „Yoldiameer“ bezeichnet den höchsten Wasserstand, der über der skandinavischen Halbinsel in der Quartärzeit eingetreten ist. In den niederen Niveaus hat sich feiner, wohlgeschichteter Sand oder Ton, der „Eismeer- Sand oder Ton, obere Yoldiaton“, abgesetzt; in dem Ton sehen wir äußerst feine Schichtung, die einzelnen blattdicken Schichten kann man als Jahresschichten bezeichnen, und Holst hat aus ihnen für die Dauer des Absatzes z. B. bei Norrköping 500 bis 600 Jahre berechnet. Recht charakteristisch für den Ton sind auch seine Mergelkonkretionen, die man als „Imatrasteine“ bezeichnet. Seine Fossilien sind zum Teil recht reich verteilt und zeigen uns ein arktisches Gepräge, nur in den oberen Lagen bereits Formen milderer Gegenden enthaltend.

Im westlichen Schweden finden sich die arktischen Muscheln zuweilen auch in Schalenbänken der Strandbildungen angehäuft; hochberühmt ist der schon von Linné beschriebene Fundort Uddevalla. Aus den bisherigen Beobachtungen erhellt, daß das Yoldiameer durch das mittlere Schweden nach dem Skager Rag und der Christianiabucht reichte.

Finnland ist von der spätglazialen Eismeersenkung in bedeutendem Maße ergriffen: Am Ende der Glazialzeit lag das Land bedeutend niedriger als gegenwärtig, weithin findet man die Spuren mariner Erosion, der Moränengrus ist ausgewaschen, es haben sich Terrassen und Strandwälle oder marine Muschelschalenbänke gebildet. Diese Senkung und die darauf folgende Erhebung war aber nicht gleichmäßig. Die marine Grenze liegt z. B. zwischen Wiborg und Petersburg 60 bis 80 m über dem Meere, auf Hogland 86 m, bei Lahti 150 m, bei Säkylä 139, beim Näsjärvi 170, im südlichen Ostrobothnien und südlichen Lappland 200 m über dem Meere usw. Manchmal liegt auch Moränengrus auf diesem Ton, infolge einer Oszillation des Eisrandes, welche schon verlassenes Gebiet nochmals bedeckte.

Während der Yoldienzeit bestand eine offene Verbindung zwischen dem Weißen Meer und dem Baltischen Meer über den Ladoga und Onega.

Bänderton, vollkommen mit der schwedischen und finnischen „hvarfvig lera" übereinstimmend, ist längs des nördlichen Estland unter dem Glint als schmaler Streifen verbreitet, bedeckt von postglazialen Sanden und immer auf dem Geschiebelehm lagernd. Nach Osten setzt er sich durch Ingermanland bis Petersburg ins Newatal fort; im Becken des Ladogasees soll er aber fehlen. Im Westen von Estland hat er eine größere Verbreitung und setzt zum Teil weit buchtenförmig in das Land hinein.

Auch Dänemark besitzt Ablagerungen des jüngeren Yoldiatones im nördlichen und westlichen Jütland. (Manche der früher als präglazial angesehenen Yoldientone, z. B. Esbjerg u. a., sind von Holst jetzt hierher gerechnet worden.)

An der deutschen Küste kennt man bisher keine sicheren Nachweise einer damaligen Senkung, vielmehr lag die heutige Ostseeküste wohl mindestens 50 m höher, um erst später, in der Litorinazeit zu sinken. Aber die Bildung mancher bisher als „unterdiluvial" angesprochener Bändertone des Binnenlandes mag in diesen Zeitabschnitt fallen.

2. Die Zeit des baltischen Binnen- oder Ancylussees, spätglaziale Hebung.

Strandablagerungen in 45 m in Estland und auf Ösel, in 39 m auf Gotland, Öland und Mohn mit *Ancylus fluviatilis* und *Limnaea ovata* haben erwiesen, daß nach der Zeit des Eismeeres im südlichen Schweden eine Landhebung eintrat, welche Schonen mit Seeland und Jütland in Landverbindung brachte und nur noch einen Meeresarm über Karlsberg und Nerike offen ließ, der aber durch die weitere Hebung später ebenfalls abgesperrt wurde;

nunmehr wurde die Ostsee fast ausgesüßt und zu einem riesigen Binnensee umgewandelt, dessen Areal von de Geer zu 570000 qkm berechnet wird. Nach dem Hauptfossil nennt man den See den „Ancylussee“. Spezialuntersuchungen der Faunen einzelner Lokalitäten haben zu der Annahme geführt, daß auch in der Ancyluszeit geringere Klimaschwankungen statthatten[1]).

Nachdem der See eine Zeitlang gar keinen Abfluß gehabt, kam sein Wasser später beim Öresund zum Überfließen. Hierdurch wurde im Norden sein Areal erheblich verringert und es fand der Übergang zum nächsten Stadium, der Litorinazeit, statt. Verschieden tief gelegene Torfmoore nahe der Küste deuten an, daß der Binnensee bis zuletzt niedriger stand als die jetzige Küste. Die meisten Reliktenseen sind von dem Ancylussee abgedämmt und nicht direkt von dem Meere.

Zur Zeit der Ablagerung des Ancylustones reichte das Landeis nicht mehr an den See heran, das Land war bei milderem Klima schon bedeckt mit Wäldern von Birke, Espe und Fichte. Der Ton erhielt sein Material von dem Schlamm von Eismeerton, während Gletscherbäche nur im nördlichen Teil unwesentlich dazu beitrugen, denn Blöcke fehlen in dem Ton.

Während der Hebung der Ancyluszeit wurde in Finnland zwar die vorherige Ladogameerenge nach dem Weißen Meer abgeschlossen, aber das ausgesüßte Wasser bedeckte den größten Teil des südlichen Finnland, der Ladoga war noch mit der Ostsee in offener Verbindung. Auch der Onegasee hing mit dem Ancylussee zusammen und scheint die Verbindung zwischen dem Finnischen Meerbusen und dem Weißen Meer vermittelt zu haben.

3. Das postglaziale oder Litorinameer.

Durch eine erneute Landsenkung trat der Ancylussee durch den Öresund und die Belte wieder mit dem Kattegat in Verbindung und Salzwasser konnte eindringen; das Seebecken wurde zu einem salzigen (und vielleicht wärmeren) Mittelmeer, der Salzgehalt war sogar größer als der heutige, wie die Größe der Molluskenschalen sowie die Fauna- und Floraverteilung beweisen.

---

[1]) In der Ancyluszeit hat vermutlich auch die Umbildung einiger mariner Krebse zu Süßwassertieren stattgefunden, welche jetzt als Relikten in einigen norddeutschen und dänischen Seen vorkommen. Vgl. Samter und Weltner, Zoolog. Anz. 27, 1904.

Nach dem Hauptfossil, der *Litorina litorea*, nennt man dies Meer das „Litorinameer“. Von großer Bedeutung sind auch die Diatomeen; es kommen Formen aus salzreichem, salzarmem und süßem Wasser zusammen vor.

Die Senkung ist im skandinavischen Küstengebiet nachgewiesen durch Bedeckung von Torflagern oder alten Flußtälern mit Meeresabsätzen. Die postglaziale marine Grenze ist auch an Strandwällen zu bestimmen (im südlichen Schonen 3 bis 4 m ü. d. M., bei Kristianstad 50 bis 60 m, Visby auf Gotland 24 m, Stockholm 43 m).

In den Umgebungen des Ladogasees sind Strandlinien und von Strandwällen überlagerte Torfmoore als Spuren des Litorinameeres nachgewiesen. Dabei zeigte sich, daß auch in Finnland die Senkung ungleichmäßig war, Ostrobothnien lag 80 bis 100 m, Südfinnland etwa 50 m unter dem Meeresspiegel; am Westufer des Ladoga zeigte sich ein 19 m höherer Wasserstand gegenüber dem heutigen.

Die Ablagerungen des marinen Alluviums Dänemarks sind verschiedener Art: echte Meeresbildungen, Strandsand, Ton oder Schlamm in Buchten, Sunden oder Fjorden aus stark bewegtem oder ruhigem Wasser abgesetzt; gleichzeitig variiert damit auch die Fauna.

Die Konchylienfauna (Tapesfauna) jener Ablagerung ist im wesentlichen die jetzt noch dort lebende, aber es fehlt *Mya arenaria*, die erst später einwanderte; andererseits existierte die Auster, die auch in den „Kjökkenmöddinger“ massenhaft vertreten ist. Das Wasser im Kattegat und den Belten war also salziger als jetzt.

Die Senkung der Litorinazeit brachte Nordjütland 8 bis 14 m unter das heutige Meeresniveau, das südliche Dänemark aber nur bis zu 2 bis 4 m über dasselbe; die später folgende letzte Hebung hat dann im Norden eine Hebung auf den jetzigen Stand und im Süden die betreffende geringe Senkung gebracht.

Man kennt an vielen Stellen „unterseeische Torflager“ vor dem jetzigen Strand in 6 bis 12 m Tiefe, unter Cardiumschichten.

In Norddeutschland sind Litorinaablagerungen an der mecklenburgischen und holsteinischen Küste nachgewiesen[1]),

[1]) Nachweise postglazialer Senkung der deutschen Ostseeküste sind schon seit langer Zeit bekannt. Daß diese Senkung der Litorinazeit entspricht, wurde zuerst 1898 am Conventer See bei Heiligendamm konstatiert. (Vgl. Mitt. meckl. g. L.-A. IX. Eine Darstellung der bisherigen Funde gab Spethmann in Mitt. d. geogr. Ges. Lübeck, 1906.)

welche zeigen, daß hier das Litorinameer in Buchten und Flußmündungstrichter eingriff, die entstanden, als infolge der Landsenkung die See jene niedrig liegenden Gebiete überdeckte.

Prähistorische Funde erweisen, daß die Litorinasenkung eintrat, als bereits das Land von dem steinzeitlichen (und zwar meso- bzw. neolithischen) Menschen bewohnt gewesen war.

Man parallelisiert die marinen und Binnenfazies des Spät- und Postglazials folgendermaßen:

Litorina = jüngere Eichenperiode,
jüngste Ancylus = ältere Eichenperiode (Steinzeit),
mittlere Ancylus = Kiefern-?, Birkenperiode im südlichen Schweden,
ältere Ancylus = arktische.

Auf die Frage nach den Ursachen der Niveauschwankungen können wir hier nicht näher eingehen. Eine Tatsache mag aber betont werden: Die glazialen und postglazialen Senkungsfelder fallen zusammen, aber die Größe des Senkungsbetrages nahm mit der Zeit ab, und zwar betrug die glaziale in Fennoscandia 280 m, die Ancylussenkung 200 m, die der Litorinazeit etwa 100 m.

An der schwedischen Westküste (von Malmö an nach Halland) ist der Befund von Wichtigkeit, daß in den marinen postglazialen Ablagerungen die Molluskenschalen weit größer sind als im Osten, auch wird die Nordseefauna reicher: der Ton heißt danach hier Nordseeton; besonders ist er in den Flußtälern entwickelt, tritt aber gegenüber den Sanden zurück, auch postglaziale Schalenbänke finden sich hier, aber nur bis 48 m ü. d. M., gewöhnlich bis zu 15 m Höhe.

In Norwegen finden sich ältere glaziale Muschelbänke, sowie marine Ton- und Sandablagerungen in der Höhe von 106 bis 158 m.

Die Untersuchungen von Brögger haben folgendes ergeben: Nach der letzten Eisbedeckung fanden folgende Niveau- und Klimaveränderungen in der Gegend von Christiania statt:

Am Ende der letzten Interglazialzeit war das Land wahrscheinlich mehrere 100 m höher als jetzt. Die Hebung dauerte wohl an während der letzten Eisbedeckung längs der Südküste; vielleicht erfüllte ein riesiger Gletscher den norwegischen Kanal.

Zu Anfang der Abschmelzzeit begann das Land zu sinken; kurze Zeit vor der Endmoränenbildung hatte das Land die heutige Höhe, dann sank das Land bis 100 bis 125 m gegen den heutigen Spiegel, und vor der Endmoräne wurde der ältere, darauf der jüngere Yoldiaton und schließlich „Arcaton" abgelagert. Der Eisrand zog sich bis zur inneren Raa zurück, vor derselben wurde der mittlere Arcaton abgesetzt (und der ältere Portlandiaton). Währenddem sank das Land auf etwa 150 bis 160 m und endlich vor den Moränen der inneren Reihe gegen 180 m.

Von neuem rückte das Eis zurück bis zur dritten Serie der Moränen (Christianiatal), und die Senkung ging bis 200 m, vor diesen Moränen wurden die jüngeren Arcatone (und jüngeren Portlandiatone) abgesetzt.

Endlich sank das Land noch mehr während der Bildung der epiglazialen Moränen. Während dieser epiglazialen Zeit hörte die Senkung auf (am Mjösen war sie bis 240 m geraten). Nun beginnt die Hebung. Schon während der äußeren Raaerzeit waren die höheren Teile Zentralnorwegens vielleicht eisfreie Nunatakr; zur Zeit der inneren Raaer war das Eis so schwach, daß im inneren Lande nur Talgletscher existierten. Zur epiglazialen Zeit reichte das Eis des Mjösentales nur 400 m ü. d. M.

Die Landsenkung begann zuerst in den peripherischen Teilen und dehnte sich allmählich auf die zentralen aus.

In der Christianiagegend ist eine der baltischen Litorinasenkung entsprechende Senkung nicht erfolgt, ebenso ist eine Senkung hier während der Ancyluszeit sehr fraglich. Die Klimaschwankung scheint während der ganzen Zeit von dem Absatz der oberen Ostreabänke bis zu den untersten Tapesbänken dauernd gewesen zu sein, mit dauernder Temperaturerhöhung bis zum Ende der Hebung und nachher wieder mit abnehmender Temperatur während der rezenten Zeit. Auch die Flora erweist, daß im Postglazial eine mildere Temperatur herrschte als die heutige (Haselnuß, Kiefer in hochgelegenen Mooren), auch die Eiche spielte eine größere Rolle als heute.

Die boreale marine Transgression.

Auch für das nordöstlichste Gebiet, die Umgebung des Weißen Meeres, sind prä- und postglaziale Niveauschwankungen nachgewiesen.

Schon Murchison und Keyserling fanden, daß dort posttertiärer Ton und Sand mit subfossilen Muscheln die Talmulden der Flüsse Dwina, Waga, Pinega u. a. erfüllen. Die Landsenkung, die sogenannte „boreale marine Transgression", sollte südlich und östlich vom Weißen Meer die Höhe von 120 bis 150 m erreicht haben; nach Ramsay ist aber das Meer nur in Gestalt weiter Buchten in die unteren Teile der Täler eingedrungen.

Die Fauna jener Ablagerungen ist nicht rein arktisch, sondern hat einen mehr ozeanischen Charakter, auf ein milderes Klima hinweisend. Während manches dafür spricht, daß diese boreale Transgression präglazialen Alters ist, erachten andere sie für spät- oder postglazial, und wieder andere für interglazial. Es seien danach (außer der präglazialen) drei quartäre Landsenkungen, eine interglaziale, spät- und postglaziale durch mehr oder weniger lange andauernde Landhebungen voneinander getrennt gewesen.

Die Niveauschwankungen an der Nordseeküste.

Auf der Westseite der Cimbrischen Halbinsel sind spät- und postglaziale Meeresablagerungen bekannt, die auf eine Senkung hinweisen. Der plötzliche Abbruch der Endmoränenlinie an der Westküste Jütlands beweist, daß erst nach Bildung jener Staffel das Land vom Meere verschlungen wurde. Ebenso zeigt das jetzt nur noch als kleiner Rest am Strande der Insel Sylt belegene Torflager mit seinen Waldresten die einstige bedeutend größerere Ausdehnung des Landes nach Westen an. Weitere Nachweise von Niveauschwankungen in spät- und postglazialer Zeit sind an zahlreichen Orten des Küstengebietes vorhanden. Das Weserdelta muß nach Salfelds Untersuchungen lange vor dem Einbruch des Jadebusens entstanden sein und während seiner langen Bildungszeit über dem Niveau der Flut gelegen haben; zwischen der unteren Kleischicht und dem Hochmoor liegen Reste von früherem mächtigen Waldwuchs, mit Andeutungen vom Dasein des Menschen. Durch spätere Senkung ist der Untergrund von Teilen des Moores unter Fluthöhe geraten, der nördliche Teil taucht sogar in den jetzigen Jadebusen. Gleiches geht aus den Angaben Prestels über die in Ostfriesland bis zur Tiefe von 10 bis 16 m wechsellagernden Marsch- und Dargschichten hervor. Auch in Ditmarschen ruht der Marschboden vielfach auf Moor. Schucht wies drei Perioden der postglazialen Zeit der Wesermarschen nach: Bildung der altalluvialen Schlickböden und ihrer Moore, säkulare Senkung mit Aufschlickung der Wesermarschen bis zur heutigen Höhe (Senkungsbetrag rund 20 m) und schließlich Küstenzerstörung, begründet in den durch die Zerstörung der Dünenketten hervorgerufenen neuen Flutverhältnissen der Nordsee und Weser.

Sehr auffällig sind die Schwankungen an der niederländisch-belgischen Küste: In Holland ist es ein Teil des „Sanddiluviums“, das „Système Eemien“, welches als marine Ablagerung des Jungdiluviums (oder Postglazials) anzusehen ist. Nur auf einem engen Bezirk (in der Provinz Nordholland und im Gelderschen Tal) ist es marin, mit marinen Konchylien, so daß hier das Meer einen Golf bildete. Zum größten Teil ist es nicht marin, sondern fluviatil, von dem Rhein in das mittlere Niederland herbeigeführt und in den großen Tälern während einer langen Senkungsperiode abgesetzt.

Die Senkung hat von Osten nach Westen zugenommen, ihr hoher Betrag ergibt sich aus einigen Bohrungen: In Deventer ist das Liegende des Sanddiluviums bei — 83 m, in Utrecht bei — 150 m gefunden, bei Amsterdam ist die Tiefe — 200 m.

Die Senkung des Bodens zur Alluvialzeit hat weit bis in die historische Zeit hineingedauert und speziell den Niederlanden ihr eigenartiges Gepräge verliehen. Genaue Beobachtungen haben einen abweichenden Betrag im S., N. und O. nachgewiesen. Die in historischer Zeit erfolgten Meereseinbrüche, welche den Zuidersee und die Dollart schufen, die Inseln vom Land abtrennten, das Vorrücken der Dünen, weit ins Meer hinaus reichende Torflager und Ruinen von menschlichen Bauten u. a. m. sind handgreifliche Beweise.

Eine ziemlich umfangreiche Literatur befaßt sich mit diesen Erscheinungen, wir verweisen auf die klare, durch Kärtchen illustrierte Darstellung von Penck in Kirchhoff, Länderkunde von Europa, I., 2. 1889, 452 bis 464, 425 bis 436, 520.

Durch die künstliche Eindeichung der Watten und Teile von Binnenseen oder durch Trockenlegung von Binnenseen ist nach und nach wieder neues Land gewonnen worden; dasselbe ist zunächst von marinem Schlick bedeckt und bildet die fruchtbaren „Polder“ (jüngster Polderton).

Die Verhältnisse Belgiens schildert Rutot wie folgt:

1. Das unterste, präglaziale Quartär ist Mourlons Moséen. Es bildete die (zuerst marinen) sandigen Sedimente, welche die Maas in das weite Ästuar des sich zurückziehenden Pliocänmeers brachte. Ein folgender Rückzug des Meeres veranlaßte ein fluviolagunäres System, welches auf die marinen Sande im Westen Tone und mehrere Niveaus von Torf ablagerte. Die Schelde breitete sich fächerförmig aus. Das Land war von Menschen bewohnt (mesvinische Industrie).

2. Campinien, Sande und Gerölle von Feuerstein, Ardennengesteinen des Maasplateaus und von den Hügeln des mittleren und unteren Belgien. Charakterisiert durch das Vorkommen von Mammut. Eine bedeutende Senkung veranlaßte eine starke Neigung des Landes gegen Nordwesten; die vorher ruhigen Gewässer wurden Stromschnellen, welche die vordem abgesetzten Alluvionen zerstörten und dem Meere bis zur Campine zuführten. Ebenso erhielten die Gewässer der Schelde größere Kraft. Alsdann langsameres Fließen des Wassers und Absatz von Alluvionen in den Tälern und auf den Terrassen. Gegen Schluß der Periode trat mehr Ruhe ein und es bildeten sich mehrfach Torf- und Humuslager auf den campinischen Schichten.

3. Hesbayen. Geschichtete Lehme mit Landschnecken, sowie Sanden und Geröllen an der Basis. Ablagerungen von allgemeiner Inundation. Im Zusammenhang mit der Eisschmelze in höheren Gegenden trat eine Regenperiode ein, zugleich senkte sich der Boden von neuem (um etwa 150 m im mittleren Belgien). Flandern, die Hesbaye und Umrandung des Condroz wurden eine weite, wellige, niedrige Ebene (während Holland hoch lag). In dieser „interglazialen" Zeit verursachten in das Land eindringende Rhein-Maasgewässer großartige Überschwemmungen, welche von heftigen Regengüssen begleitet waren. Es setzte sich der geschichtete Lehm, der fruchtbare Boden der Hesbaye, ab, zugleich die an den Flußufern lebenden Konchylien einbettend.

Später vereinigten sich die Gewässer, der lehmige Boden wurde trocken gelegt und das alte Flußsystem erschien wieder; trockene Winde trugen den Staub weithin nach Westen auf den geschichteten grauen Lehm von Brabant und Ostflandern als eine Decke von feinem ungeschichteten hellbraunen Löß, „Brabantien". An anderen Stellen bildeten sich Torfmoore.

4. Flandrien. Meist marine, zum Teil fluviatile oder fluviomarine Ablagerungen der Provinz Brabant, Limburg und Antwerpen oder durch Wind umgearbeitete Dünen in der Antwerpener und Limburger Campine. In den Küstenebenen ist das Flandrien häufig bedeckt von Polderton und reich an Muscheln. Eine erneute Senkung, die aber auf das nordwestliche Belgien und auf Holland beschränkt war, brachte die nördlichen Landteile wieder unter den Meeresspiegel. Das Meer schlug enorme Mengen von Sand auf die hesbayischen Schichten nieder, mit einer reichen Muschelfauna. (In diese Zeit fällt auch die Abtrennung Englands vom Kontinent.)

5. Alluvium, moderne Ära. Besonders in dem Küstengebiet Belgiens lassen sich verschiedene Veränderungen während der Alluvialzeit konstatieren. Rutot teilt die Zeit in sechs Unterperioden:

a) Marine Unterperiode. b) kontinentale Torfperiode; c) große Meeresinundation (beginnt im 4. Jahrhundert n. Chr.); d) Lagunenperiode, unterer Polderton (dauerte bis gegen das Jahr 1000), e) marine Überschwemmungsperiode. (Von Holland ausgehend breitete sich eine neue Senkung aus, und es folgte eine neue Periode von Stürmen, die in Belgien weniger unheilvoll waren als in Holland. Die schwachen Dünen und Deiche wurden bald zerstört, das Meer drang bis gegen Brüssel vor. In Belgien dauerte diese Zeit nur zwei Jahrhunderte, in Holland aber bis gegen 1570. 1170 bildete sich der Zuider See und die Reihe der holländischen Inseln. Die getrockneten Sande wurden alsbald bebaut, von 1200 an begann für Belgien die ruhige Zeit, die man mit Deichbauten ausnutzte.) f) Periode des oberen Poldertones. (Seit 1570 scheint der Boden Belgiens stationär zu sein, der Boden der Küstenebene liegt unter der Linie der Hochflut und ist gegen das Meer durch Dünen und Deiche geschützt. Auf den marinen Sanden oder auf dem unteren Polderton hat sich hier der obere Polderton abgesetzt, aber lediglich durch künstliche Überschwemmungen in den Kriegszeiten, hauptsächlich zwischen den Jahren 1570 und 1700.)

2. Das Glazial Großbritanniens.

Die Glazialbildungen, die sogenannte „Drift", Großbritanniens gingen von den schottischen und nordenglischen Hochgebirgen aus und bildeten eine selbständige Erscheinung, die erst später teilweise mit der skandinavischen in Berührung trat.

In Schottland besitzt der Geschiebemergel, till, eine große Verbreitung. Er ist auch hier (besonders in den niedrigen Landesteilen) ein fester, zäher, stark zusammengepreßter steiniger Ton; häufig wird er aber auch sandiger oder er bildet eine grobe Zusammenhäufung eckiger und halbeckiger Steine mit einer grob-erdigen Grundmasse. Einlagerung von Sand- oder Tonnestern oder lagenweise Anordnung der Blöcke bilden bisweilen eine Art rohe Schichtung.

Die Heimat der Geschiebe sind die schottischen Berge, und zwar mehr oder weniger lokalisiert. Auch als „Lokalmoräne" ist der till bisweilen ausgebildet und öfters zeigt der Geschiebelehm in seiner Natur wie in Färbung und Geschiebeführung eine lokale Abhängigkeit von dem Untergrund.

Weit verbreitet ist der „great chalky boulderclay", ein ungeschichteter hellgrauer Ton, reich an Fragmenten von Kreide und Feuerstein, neben anderen aus größerer Entfernung stammenden Geschieben, wie jurassischen Gesteinen, weißem Sandstein, Basalt, Granit u. a. Auch Linsen von Sand und Kies sind in diesem till bisweilen eingelagert; nur an der unteren Seite finden sich bisweilen Spuren von Schichtung. Seine Mächtigkeit schwankt sehr, sie kann bis über 30 m betragen.

Die fächerförmige Verbreitung von Leitblöcken in England läßt deutlich den Weg der großen Eisströme erkennen; Bonney hat vier Zentren für die Verbreitung dieser Geschiebe nachgewiesen: 1. Kirkcudbrightshire (Granite), 2. Lake District (Felsite und Granit), 3. Wasdale Crag (Shap-Granit) und 4. Arenig (Felsit).

In Zentralengland lagen zwei eisfreie Gebiete inmitten der Eisdecke: die Yorkshire Moors und die Derbyshire Berge; während die nördliche Penninekette unter Eis lag, ragten die südlichen höheren Berge als Nunatakr über das Eis heraus. In diesen Gebieten findet man die scharfen Verwitterungsformen der subaërischen Erosion.

Der obere Geschiebelehm, welcher über den auf einem unteren till auflagernden Sedimenten liegt, ist nicht selten sandiger als der untere und führt oft größere Blöcke, die nicht so schön geschrammt und geglättet sind. Diese Trennung kann auch fortbestehen, wenn sich die Sedimente auskeilen. Wir finden auch hier den Unterschied zwischen eigentlicher Grundmoräne und der Ober- oder Innenmoräne wieder.

Von Interesse ist das Vorkommen von geschrammten Steinpflastern: horizontale Flächen von till, wo alle hervorragenden Geschiebe nicht nur ihre eigenen und unabhängigen Schrammen haben, sondern wo sie nachträglich eine neue Schrammung erlitten haben, die parallel und gleichmäßig über alle verläuft.

Besonders in den Küstengebieten enthält der (obere) till häufig mehr oder weniger reichlich eingestreute Fragmente von diluvialen Muschelschalen, teilweise auch mit geschrammten Flächen: arktische, nördliche und britische Arten, die sich bisweilen auch in reinem Ton finden.

Geikie nimmt daher an, daß das schottische Eis mit dem skandinavischen am Grunde der Nordsee vereinigt war.

Seine größte Mächtigkeit hat der till in den niedrigen Landstrichen, in Schottland löst er sich in der Höhe über 300 m in einzelne Flecke auf. Auch die schottischen Inseln zeigen alle Glazialerscheinung. Der untere till kommt in England meist nicht über die Höhe von 150 m, die mittleren Sande reichen bis zu 425 m, meist kommt der obere till nur bis 250 m Höhe. Der Geschiebelehm reicht bis in die Gegend von London. In Hochtälern tritt er gern in Form von Terrassen auf, in den niedrigen Teilen zeigt er eine breite, wellige Oberfläche, häufig in langen, parallelen Drumlins angeordnet.

Oft sind Stauchungserscheinungen im Untergrund sowohl des Geschiebemergels als auch anderer Diluvialschichten zu beobachten, die sogenannte „Contorted Drift", die aber nicht überall auf Eisdruck zurückzuführen ist, sondern oft auch durch treibende Eisschollen verursacht sein mag.

Hinter hervorragenden Klippen härteren Gesteins ist der Geschiebelehm oft zu beträchtlicher Mächtigkeit angehäuft und zieht sich in sanfter Neigung wie eine Schleppe (tail) hin; vor der Klippe (crag) ist das Gestein tiefer ausgehöhlt und oft vom till entblößt, dahinter liegt es höher und ist von till bedeckt.

Geschrammte Felsflächen und Rundhöcker sind besonders in den höheren Landesteilen weit verbreitet.

Die Hügelreihen und isolierten Hügel des zentralen Schottland wurden von dem Eis überschritten, deshalb kreuzen die Schrammen auch bisweilen die kleineren Täler. Die Schrammen reichen bis in die höchsten Teile des Landes hinauf und zeigen, ebenso wie der dort abgelagerte till, daß das Land von mächtigem (bis 900 m dickem) Inlandeis bedeckt war, welches allseitig ausstrahlte, nur die höchsten Spitzen ragten als Nunatakr hervor.

Gliederung des britischen Quartärs.

Auch das britische Quartär hat zu sehr verschiedenartigen Gliederungsversuchen Veranlassung geboten und liefert noch jetzt manche Profile, die nicht so leicht in das eine oder andere Schema passen und die recht verschieden aufgefaßt werden.

Die Gliederung des britischen Quartärs nach J. Geikie, die auch vielfach für das übrige Europa angenommen worden ist, ergibt sich aus folgender Tabelle:

I. Glazial, „Scanian".
  1. Interglazial, „Nordfolkian" oder *Elephas meridionalis*-Stufe.
II. Glazial, „Saxonian".
  2. Interglazial, „Helvetian" oder *Elephas antiquus*-Stufe.
III. Glazial, „Polandian".
  3. Interglazial, „Neudeckian".
IV. Glazial, „Mecklenburgian".
  4. Interglazial, untere Waldbettstufe.

V. Glazial, untere Torfmoorstufe.
5. Interglazial, „Upper Forestian“.
VI. Eiszeit, Postglazial, „Upper Turbarian“.
6. Rezent.

Präglazial.

Präglaziale Ablagerungen finden sich mehrfach. Von hervorragender Bedeutung sind die Ablagerungen von Cromer, deren Serie vom jüngeren Tertiär bis in das Quartär reicht.

Die Schichtenfolge von Cromer in Norfolk.

Die berühmten Ablagerungen von Cromer an der Küste von Norfolk zeigen auf marinen Pliocänbildungen Süß- und Brackwasserablagerungen, welche sowohl eine präglaziale Klimaveränderung, als auch den Verlauf von Niveauschwankungen andeuten sollen. Die Lagerfolge ist von unten nach oben:

1. Weißer oder Coralline Crag, pliocäner Sand und Ton, mit 5 Proz. nordischen Mollusken; Klima warm gemäßigt.

2. Red Crag, roter und brauner eisenschüssiger Sand, Ablagerungen zwischen den Hoch- und Niederwasserständen, mit 10,7 Proz. nordischen Molluskenarten. Die vorigen Formen sterben zum Teil aus, nördliche treten auf und herrschen allmählich vor. Südostengland und Nordfrankreich lagen unter dem Meeresspiegel. Das Meer zieht sich zurück, England tritt mit dem Kontinent in Landverbindung, während die Nordsee weit gegen Norden offen ist.

3. Fluviomariner oder Norwich Crag, Sand und Geröll mit 231 Mollusken, wovon 14,6 Proz. nordische Arten. (In allen drei Abteilungen Säugetierreste milden Klimas (Mastodon, Elephas meridionalis, Tapir, Rhinoceros).

4. Chillesford beds, Sand und Ton mit oft torfartigen Zwischenlagen, 40 ausgestorbenen Molluskenarten, 26 nördlichen und 11 Arten der benachbarten Meere. Höhepunkt der arktischen Verhältnisse, welche im Red Crag begonnen hatten. Nach Wood ist der Chillesford-Sand und Ton infolge geringer Senkung die unmittelbare Fortsetzung des fluviomarinen Crag.

5. Weyburn Crag.

6. Forestbed-series: drei fluviatile Bildungen, getrennt durch eine ästuare, mit Treibholz.

Weiterer Rückzug des Meeres legt den südlichen Teil der Nordsee trocken: der Rhein u. a. präglaziale Täler bzw. Ästuarien auf dem neuen Land. Alle Pflanzen aus dieser Schicht leben noch jetzt in Norfolk, keine arktischen oder südeuropäischen. Auch die Säugetiere entsprechen einem milden Klima.

Die Landbildungen geben in diesen bisher besprochenen Abteilungen keine kältere Klimaveränderung an, man wird daher den marinen Bildungen wohl nicht den allgemeinen Charakter beimessen dürfen, vielmehr ihre arktischen Mollusken durch veränderte Meereszugänge erklären müssen. Ungleichmäßige Landsenkung ermöglichte nördlichen Meeresströmungen den Weg an die Küsten des (noch milden) England.

7. Leda myalis-bed: In isolierten Partien. Marin, teils mit Auster, teils an anderen Stellen mit arktischen Formen (*Leda myalis, Astarte borealis*) und einigen britischen Formen.

Das Zusammenvorkommen von arktischen Muscheln mit der südlichen Fauna des Forestbed führt Reid auf lokale geographische Verschiebungen zurück. Dagegen meint Geikie, daß, wenn auch eine lokale Verfrachtung von Süßwassermuscheln oder von arktischen Formen möglich wäre, so doch nicht von südlichen Tieren, daß also auf den Chillesford Crag und Weyburne Crag als Repräsentanten eines kalten Klimas die wärmere Zeit des Forestbeds folge. Das Untertauchen des Landes entsprach einer kalten Zeit, Aufsteigen einer wärmeren Epoche; die wieder folgende Senkung (15 m) brachte eine neue Invasion arktischer Mollusken (*Leda myalis bed*). Wood betont die ungleichmäßige Senkung, durch die z. B. das nördliche Norfolk sank, bei gleichzeitiger Hebung des nordöstlichen Suffolk. Übrigens glaubt Hughes, daß die Schwankungen des Niveaus zur Cragzeit mehr lokal waren und, nicht so ausgedehnt.

8. Über diesen Schichten folgen an einigen Stellen arktische Süßwasserablagerungen mit *Salix polaris* und anderen Land- und Süßwasserkonchylien und *Spermophilus*.

J. Prestwich bezeichnet diese altquartären Grande als „Westleton- und Mundesley-beds". Charakteristisch ist für sie das Auftreten von abgerundeten eckigen Kreideflinten, Hornstein u. a. aus dem unteren Grünsand. Sie stammen nicht von Norden, wie die Glazialdrift, sondern aus Süd und Südosten.

9. Die folgenden Pleistocänablagerungen der Cromerküste gehören nach Geikie alle zu ein und derselben Epoche der Vereisung. Es werden unterschieden von unten nach oben:

a) Geschiebelehm mit vielen Schalenfragmenten („Cromer-till").
b) fossilfreier, wohlgeschichteter Ton und Mergel mit Sandschmitzen.
c) Geschiebelehm mit viel Kreide, bisweilen mit Muschelschalen,
d) fossilfreie feine Sande, diskordant parallel geschichtet,
e) Geschiebelehm, oft „contorted drift", mit Schalbruchstücken,
f) Sand und Lehm, mit vielen Muschelfragmenten, wenig ganzen Schalen,
g) Geschiebekies und Sand, fossilfrei,

In den Geschiebelehmen von Cromer und auch anderen Gegenden Ostenglands fanden sich neben den vorherrschenden einheimischen Blöcken auch einzelne unzweifelhafte skandinavische.

Aus den Ablagerungen von Cromer kann man folgendes Bild erhalten: Noch im Tertiär folgte auf die Meeresbedeckung eine (teilweise ungleichmäßige) Hebung, mit geringen Oszillationen, und die Meeresfauna erhielt nach und nach durch Strömungen immer mehr arktische Beimengungen. Das allgemeine Klima zu Lande aber blieb milde. Da der am Ende der Pliocänzeit abgelagerte Ton des ostenglischen Cromerbeds auch in der Provinz Limburg nachgewiesen worden ist, so folgt daraus, daß damals der Rhein über Nordostengland in die Nordsee mündete.

In den Westletonbeds sehen wir einheimische präglaziale Bildungen, hier treten zuerst an einzelnen Stellen arktische Pflanzen auf, als Begleiter des aus den Gebirgen vorrückenden Eises; diese Ablagerungen werden nunmehr von dem sich ausdehnenden Eise bedeckt, auch treten nordische Eisbergverfrachtungen hinzu; die folgenden Glazialbildungen mit ihrem Wechsel von Moräne und Sedimenten werden als einheitlich angesehen.

(Die Geikiesche Klassifikation stellte den Chillesfordton und Weyburn Crag zum I. Glazial = „Scanian", Forestbed bis arctish freshwaterbed (6 bis 8) zum Interglazial 1 = „Norfolkian".)

Höhlenfunde.

Von großem Interesse sind die Höhlenfunde. Die Höhlen sind wohl während des ganzen Quartärs, soweit es die jeweiligen Eisverhältnisse erlaubten, bewohnt gewesen, also zur Präglazial- bis in die Postglazialzeit.

Die Funde in der Cae Gwynhöhle im Clwydtale, Nordwales, 120 m über dem Meere, stellt Geikie zum Interglazial:

Die Knochenschicht hält Reste von Löwe, Wildkatze, Hyäne, Wolf, Fuchs, Bär, Dachs, Wildschwein, Rind, Riesenhirsch, Reh, Renntier, Pferd, Rhinoceros, Mammut; außerdem menschliche Werkzeuge. Über ihr liegen Schichten von Ton und Sand. Ebenso lagern außerhalb der Höhle darauf Ton, Sand und Kies und zu oberst ein Geschiebelehm. In den außerhalb gelegenen Sedimenten befindet sich eine dünne Lage mit marinen Muscheln derselben Formen wie in den übrigen Glazialablagerungen Nordwestenglands. Die eventuelle marine Senkung ist also älter als das Knochenbett und jünger als der Geschiebelehm.

Ähnlich sind die Funde der Viktoriahöhle bei Settle, Yorkshire, 440 m über dem Meere, wo die Knochenerde (mit Resten von Hyäne, Fuchs, Dachs, Bär, *Elephas antiquus, Rhinoceros lepthorinus, Hippopotamus*, Bison, Hirsch, Ziege) von einem Ton mit geschrammten Blöcken überlagert wird.

Über andere Höhlen, z. B. die berühmte Kirkdalehöhle in York, s. auch Geikie, Prehist. Europe, S. 90.

Geikie führt aus dem schottischen Diluvium eine Reihe Beispiele an von präglazialen Flußläufen, deren Täler durch die Ablagerungen der Eiszeit ganz oder teilweise verschüttet und in denen die heutigen Täler nur teilweise ihren Erosionslauf nehmen. Hierzu gehören auch die alten Flußläufe auf der Oberfläche der Kohlenformation, deren Ausfüllung als „clay- oder sand-dikes" bekannt sind.

Da man auch im Geschiebelehm bisweilen Fossilien findet, Reste von Mammut, Renntier, Fragmente von Eiche u. a., ebenso wie Diluvialkonchylien, so kann man diese Reste von präglazialen oder glazialen Ablagerungen herleiten.

Oberer und unterer Geschiebelehm.

Bisweilen sind zwei Ablagerungen von till getrennt durch Sedimente (Kies, Sand, Ton und Torf) von sehr verschiedener Mächtigkeit; hierbei ist bisweilen auch eine petrographische Verschiedenheit der beiden Bänke wahrzunehmen.

In England ist die Zweiteilung nur im Osten und Westen durchführbar, im Inneren und auf den höheren Teilen findet sich nur ein einziger till.

Die zwischengeschalteten und unterlagernden Sedimente sind entweder fossilführend oder subglaziale Bildungen oder auch von Eisstauseen abgelagert. Diese infra- und intraglazialen Bildungen scheinen weit verbreitet zu sein (je weiter nach den niederen Teilen des Landes, um so häufiger).

α) Süßwasserabsätze.

Da diese Sedimente aus Wasser abgelagert sind und sie einem gemäßigten Klima entsprechen, schließt Geikie auf eine zeitliche Unterbrechung in der Vereisung, wo mindestens die niedrigen Landesteile gletscherfrei waren und hier die subaërischen Ablagerungen aus Wasser sich bildeten, bis später eine erneute Ausdehnung des Landeises dieselben von neuem mit till bedeckte. Vielfach wurden dabei auch diese losen Sedimente von den Eisströmen wieder zerstört und weggeführt, zusammengedrückt und gestaucht und blieben nur an geschützten Stellen verschont. Für

Schottland handelt es sich indessen nur um drei Lokalitäten solcher Funde, die überdies nach Ansicht anderer Geologen nicht als interglazial gedeutet werden können.

β) Marine Ablagerungen.

Die marinen Ablagerungen zwischen und unter dem till in Schottland sind nach Geikie bisweilen auch eng mit Süßwasserablagerungen verbunden. So fanden sich unter till bei Kilmaurs (Ayrshire) Reste von Mammut und Ren und Süßwasserpflanzen zusammen mit Seemuscheln, moorigem Ton, arktischen Ostrakoden und Foraminiferen.

Im nördlichen Schottland, in Aberdeenshire, Banff, Elgin und Nairn, und im Südwesten, auf Kintyre, finden sich bis zu 12 bis 18 m mächtige Lager von Ton, Sand und Kies mit marinen Muscheln, in verschiedenen Höhen, bis zu 152 m; dieselben liegen zuweilen auf Geschiebelehm und sind bisweilen von einem zweiten till überlagert. Diese altdiluvialen marinen Ablagerungen mit ihrem gemischten Charakter der Fauna werden von Geikie, Munthe u. a. als echte marine Bildungen und zugleich als Beweise für eine interglaziale Senkung um 150 bis 180 m angesehen, nach anderen wurden sie als Erratica durch das Landeis vom Meeresboden an höhere Stellen verfrachtet, ähnlich wie andere große Schollen anstehenden Gesteins.

Weitere Prüfungen haben ergeben, daß die muschelführenden Tone nicht interglazial sind, sondern nur vor der größten Entwickelung des Eises abgelagert sind, welche von der vorherigen geringeren nicht durch eine Zeit des Rückzuges getrennt war. Die Lager mit marinen Resten können nur zum Teil als Beweise für eine Landsenkung verwertet werden. Die unmittelbar auf dem alten Untergrund ruhenden marinen Sedimente kann man als präglazial ansehen; der Geschiebelehm mit marinen Muscheln braucht keine Meeresbildung zu sein, ein Teil der Muscheln mag von zerstörten marinen Tonlagern stammen, andere direkt durch das Eis vom Meeresboden entnommen sein.

An der englischen Ostküste sind die Aufschlüsse an den Küsten von Flamborough Head und Holderness in Yorkshire wichtig. Bei Sewerby und Speeton sind an einem alten Seekliff präglaziale Schichten entblößt, nämlich Strandgerölle, Schuttkegel, Flugsand und Kreidetrümmer, über welchen Glazialbildungen folgen, die vielfach drei Geschiebelehme mit zwischenliegenden Sedimenten zeigen.

1. Der unterste Geschiebelehm, „basement-clay", führt fremde und Jurageschiebe und nur wenig lokale Kreidebeimischungen, ferner Schollen von Sand und Ton, voll von arktischen marinen Muscheln (einige derselben sind jetzt auf Amerika beschränkt); auch im Geschiebelehm liegen lose Muschelfragmente, selten auch ganze dickschalige Exemplare, neben diesen Einschlüssen findet sich auch Süßwassertorf.

Dieser Geschiebelehm, in dem auch norwegische Geschiebe nachgewiesen sind, wird als Produkt eines großen Landeises angesehen, welches aus Nordosten vom Boden der Nordsee kam und dabei Schollen von Meeresboden aufgenommen hatte, eventuell waren auch die Schollen von Meereston in geschützten Buchten durch strandende Eisberge verfrachtet.

Nach Woods Ansicht bestand während der Hauptvereisung eine offene Nordsee, während nach anderen die Mollusken in den Geschiebelehm gekommen sind durch Aufwühlung des Meeresbodens durch das skandinavische Eis; nach Wood war das Eis aber rein britisch, die Mollusken sind nur solche, die in der britischen See oder unmittelbar im Atlantischen Ozean nördlich davon vorkommen.

2. Als purple boulderclay bezeichnet Lamplugh die mittlere Abteilung.

Der „purple clay" von Holderness und Bridlington ist unten reich an Kreide, nach oben ärmer daran, mit vielen fremden Geschieben, ohne die muschelführenden Schollen und ohne Juragesteine; Muschelfragmente bisweilen, unten häufiger als in den oberen Partien. Während er an der Küste vorherrscht, wird er im Innern durch Sand und Kies (oft in weit zu verfolgenden Kamesrücken) vertreten. Südlich von Holderness werden diese Sande reich an Muschelfragmenten, zum Teil auch mit der fluviatilen Corbicula fluminalis.

Die Sande werden von einigen als marines Interglazial betrachtet, Lamplugh hält sie dagegen für Produkte der Ausschmelzung des purple clay-Eises und seine Muscheln für sekundäre Fremdlinge. Diese ganze mittlere Abteilung ist nach ihm an der Eiskante gebildet, zur Zeit eines langsamen Rückzuges, während gleichzeitig unter dem Eise Geschiebelehm abgesetzt wurde.

3. Oberer, Hessle-boulderclay, mit meist kleinen Geschieben, bisweilen mit kleinen Sandlinsen, rötlich gefärbt, erdiger und weniger kompakt als der untere Ton. Von dem unterlagernden purple clay oft durch wenig mächtige Kies- und Sandschichten getrennt. Bisweilen treten die Geschiebe ganz zurück und es bildet sich gewöhnlicher Ziegelton; man hält ihn für ein direktes Produkt des Landeises, etwa als Innenmoräne. Er endigt nach Westen zu nahe dem Kamesrücken unter Verjüngung in dem unteren Kies.

4. Äquivalent dem oberen Geschiebelehm sind die Sewerbysande („Bridlington series"), Absätze von Flüssen, die aus dem Innern strömten und zum Teil vom Eis aufgedämmt wurden. Die Vereisung soll durch Landeis von östlichem Ursprung erfolgt sein, welches den größeren Teil der Yorkshire Wolds nicht überschritt. Es erfüllte die Nordsee in dieser geographischen Breite vom Anfang der Vereisung bis zu deren Ende; in Flamborough Head hat man keine Anzeichen für eine milde Interglazialzeit, sondern nur für starke Schwankungen des Eisrandes.

Auch im westlichen England, im Küstengebiet der Irischen See, kann man nach Geikie zwei durch Interglazialsedimente getrennte Geschiebelehme beobachten:

1. Der untere Geschiebelehm hat in den hochliegenden Geländen dieselbe Beschaffenheit wie der schottische till; auch gestauchte Einlagerungen von Sand, Kies oder Ton finden sich. Die Maximalmächtigkeit beträgt etwa 36 m. Diese Grundmoräne ruht auf geschliffenem oder zertrümmertem Untergrund.

In Lancashire und Cheshire enthält der Geschiebelehm in den Lagen unter 45 m über dem Meere oft Muschelfragmente auf sekundärer Lagerstätte. Marine Reste sind bei Manchester sowie auch im mittleren und östlichen Teile von Lancashire selten, dagegen steigt das Vorkommen außerordentlich im Süden von Lancashire und Cheshire.

2. Die mittleren bis zu 60 m mächtigen Sande reichen bis zur Höhe von 365 m und führen bisweilen marine Konchylien von britischer, südlicher, arktischer und skandinavischer Herkunft.

3. Der obere till ist an seiner Basis gewöhnlich ein harter Mergel von dunkel schokoladebrauner Farbe mit kleinen Muschelfragmenten und wenigen Geschieben mit vielen, aber weniger deutlich geschrammten Steinen. Er erreicht 9 bis 30 m Mächtigkeit und reicht selten bis über 120 oder 150 m Meereshöhe.

Die ganze Ebene von Lancashire und Cheshire ist von dem Meeresspiegel bis zur Höhe von 180 m von einem Mantel der sogenannten „Low-level marine Boulderclays and Sands" bedeckt, welche auf dem alten Gebirgsuntergrund ruhen. Diese Geschiebelehme führen marine Muschelreste sowie Foraminiferen und Ostrakoden, meist rezente Formen mit einigen nördlicheren, selten auch südlicheren. Die Sande liegen teils unten, teils oben oder in der Mitte. Die Muscheln im Sande zeigen oft Spuren von Abreibung. In den Tonen herrschen die nördlichen Formen gegenüber den südlichen vor, in den mittleren Sanden umgekehrt. Der untere boulderclay enthält skandinavische Formen, aus seiner Zerstörung sind die nördlichen Beimischungen zugeführt; ebenso erhielt der obere die vereinzelten südlichen Formen aus seinem zerstörten Liegenden, den mittleren Sanden.

Auch an der Küste von Wales findet sich Geschiebelehm und Sand mit einheimischen Findlingen, sowie Lokalmoräne ohne marine Muscheln.

Die marinen Ablagerungen setzen sich zum Teil ununterbrochen fort nach den „High-level shelly drifts", die bis zu den Höhen von 335 bis 365 m reichen.

Entgegen der Auffassung, daß alle Muscheln nur den Wert von Geschieben haben, daß das Landeis der maßgebende oder alleinige Faktor gewesen sei, betont Reade, daß kleinere Muscheln auch gut durch Strömungen transportiert sein können. In der Mitteilung seiner Detailbeobachtungen über die Verbreitung und Bewegungsrichtung der Geschiebe im westlichen England und östlichen Wales kommt D. Mackintosh zu dem Schluß, daß der Transport nicht durch Landeis, sondern durch Eisberge erfolgt sei.

Im zentralen England sind geschichtete Ablagerungen sehr reich entwickelt. Im Trentbassin wies Deeley einen Geschiebelehm nach, der von Gletschern aus den Pennine-Bergen abgelagert sei, und zwei andere, die auf Eisströme aus Westen und Nordwesten bzw. Osten und Nordosten zurückgeführt werden.

Die „dritte Eiszeit" Geikies.

Obgleich nirgends ein vollständiges Profil vorliegt, welches drei durch echte Interglazialbildungen getrennte Geschiebemergel zeigt, glaubt doch Geikie annehmen zu dürfen, daß nach der zweiten Vereisung eine interglaziale Zeit folgte, nach der nochmals glaziale Bedingungen in beschränkterer Ausdehnung eintraten.

Die Lokalgletscher sieht Geikie nicht als Rückzugsgletscher an, sondern als ein selbständiges Stadium der Eiszeit, welches von dem vorhergehenden getrennt war.

Der Geschiebelehm zeigt in den unteren Teilen der Gebirgstäler keine Spuren von späterer Zerstörung durch Gletschereis, während er höher oben, im Gebiet der Talseen, durch Gletscher (von welchen die

Endmoränen und fluvioglazialen Massen im unteren Teile der Täler stammen) zerstört erscheint. Schrammen und Rundhöcker dieser Einzelgletscher (district icesheets) sind gut erhalten und verlaufen oft anders als die des älteren Landeises. Schottland sank nach der Bildung des „Oberen" Lehm um 30 m, und gleichzeitig mit dieser Bewegung soll diese dritte Vereisung erfolgt sein.

Man muß aber diese lokalen Vereisungen ebenso wie in Norddeutschland nur als Stillstandsphasen in dem allgemeinen Rückgange der großen Vergletscherung ansehen.

Marine Ablagerungen, Sand und Bänderton, zum Teil mit arktischer und borealer Muschelfauna und Knochenresten der kleinen Robbe, finden sich längs der Küsten bis zur Höhe von 37 bis 40 m.

Ihre Oberfläche ist häufig zu einer wohlausgeprägten Terrasse in etwa 30 m Höhe umgearbeitet. Diese 30 m-Terrassen sind u. a. gut entwickelt in den Niederungen des Forth, Clyde und Tay. Nach einigen Befunden glaubt Geikie schließen zu dürfen, daß die Senkung der Ausdehnung der Gletscher vorausging.

Als Beispiel führt Geikie das Tal des Loch Lomond an, welches vor der letzten Eisinvasion ein von borealer mariner Fauna bevölkerter Fjord war: bei Drymen fand sich ein 2 m mächtiger Ton, überlagert von muschelreichem Geschiebelehm. Der marine Ton ist nach Jack interglazial, einer 32 m-Senkung entsprechend; er wurde von einer späteren Vergletscherung stark zerstört und lieferte dem Geschiebelehm das Material an Muschelresten. Auf dem shelly till liegen geschichtete Tone und Sande mit vereinzelten Blöcken und Muscheleinschwemmlingen, fluvioglaziale Bildung eines Eissees.

Beachtenswert ist, daß im Osten ein kälteres Klima herrschte als im Westen; die Nordsee war teilweise mit Eisbergen erfüllt, daher kälter als der offene Ozean.

Die hochgelegenen Terrassen im Innern des Landes sind in Eisstauseen entstanden, welche dieser „dritten" Eiszeit angehören sollen; ihre Tone sind fossilfrei oder enthalten Süßwasserkonchylien.

Spät- und Postglazial.

Torfmoore sind überall verbreitet. Daß zunächst eine arktische Flora herrschte, ist durch mehrfache Funde erwiesen. In vielen Mooren, auch auf den Inseln und an anderen Orten, wo jetzt keine Waldbäume wachsen, finden sich zu unterst Reste von Waldbäumen (neben denen der heutigen Flora besonders Eiche und Fichte). Der Wald war also ausgedehnter als heute, die Inseln waren mit dem Lande verbunden. Bisweilen hat man drei Horizonte von Baumresten gefunden. Häufig finden sich auch Moore und Waldreste unter dem Meeresspiegel.

Fluvioglaziale und glaziale Bildungen auf dem jüngeren till der Abschmelzperiode (Schottland):

1. Subglaziale Åsar finden sich in der bekannten Ausbildung zahlreich und folgen gewöhnlich der Richtung der Eisbewegung und der Talläufe; sie ruhen entweder auf Geschiebelehm oder auf festem Fels und bestehen teils aus groben Sanden und Kies mit unvollkommener Schichtung, auch aus großen Blöcken in erdigem Sand, teils aus gut geschichteten feinen Sanden.

2. Terrassen von geschichtetem Sand ohne marine Organismen, als Ufer von einstigen, zur Zeit der Eisschmelze durch das Eis aufgedämmten Seen finden sich in einigen hügeligen Distrikten Schottlands bis zur Höhe von 330 m.

3. Weite Verbreitung hat die Endmoränenlandschaft:

Die Kames (Kaims) werden als Endmoränen und fluvioglaziale Bildungen angesehen; es sind charakteristische abgerundete Rücken und Kegel, deren Zusammenliegen der Landschaft den Anblick einer bewegten See verschafft; oft in bogenförmiger Anordnung hufeisenförmig quer vor den Tälern, mit der konkaven Seite nach oben gerichtet, zwischen ihnen liegen oft unvermittelt kleine Seen.

4. Erratische Blöcke, Moränenschutt.

Vielfach (auch auf den Inseln) ist der obere Geschiebelehm noch in verschiedener Dicke von grober erdiger Blockanhäufung bedeckt, und zwar in abnehmendem Umfange. Geikie erklärt dies als eine Moränenbildung von lokalen Gletschern der Abschmelzzeit.

Man trifft Blöcke von allen Formen und Größen, gerundet oder kantig, mit oder meist ohne Schrammen, oft in enormer Anzahl.

Ausnahmsweise finden sich auch Blöcke, die höher liegen als ihr Ursprungsgebiet. Für deren Transport kann man annehmen, daß sie als ursprünglicher Moränenbestand dort, wo sich ein Hindernis in dem Talwege entgegenstellte, allmählich in die „Innenmoräne“ gelangten und mit dieser immer mehr nach oben getrieben worden sind.

Auch die Fjorde gehören in ihrer jetzigen Gestalt zu den Glazialbildungen. An der schottischen Westküste sind sie vorzüglich entwickelt, treten im Osten aber ganz auffällig zurück; damit in Einklang steht das häufige Auftreten der Felsbecken im Westen.

Die Seen und Becken können dem Alter nach in vier Gruppen gebracht werden:

1. Submarine Felsbecken (Fjordbecken, Ablenkungsbecken u. a.) und gewisse Niederlandseen: durch die Erosion des Inlandeises entstanden.

2. Felsbecken in den „sea-lochs" und Gebirgstälern des Hochlandes: zum Teil noch von dem Landeis, meist aber von späteren selbständigen Talgletschern erodiert.

3. Felsbecken in den oberen Bereichen der Gebirgstäler, Zirkusseen oder Bergseen: Höher gelegen, kleiner, am unteren Ende oft mit Endmoränen, zum Teil auch durch Alluvionen ersetzt.

4. Tal- und Kessel-, „Corrie"-Seen in höherem Niveau (eine alte Schneelinie in 3500′ anzeigend).

Auch die Gebirge Irlands zeigen vortrefflich die Spuren der Vereisung, Rundhöcker, Schrammen und Glazialablagerungen. Die eiszeitliche Geschichte Irlands war nach Geikies Darstellung ähnlich der von Westengland:

1. Erste große Vereisung, mit einigen Nunatakr; die Eisbewegung beeinflußt vom schottischen Eis; die Schrammen der Küstengebiete von Antrim und Down sind nach Nordwest und Südost abgelenkt. Die Eisscheide fiel nicht mit einem Gebirgskamm zusammen, sondern lag über den niederen Landteilen.

Die älteste Ablagerung, das Hauptgebilde der zentralen Ebene von Irland, ist ein zäher, fossilfreier Geschiebelehm, der völlig dem schottischen till gleicht. Er ruht auf geglättetem und geschrammtem Felsuntergrund und führt bisweilen Linsen von Sand und Kies, auch Ton. Häufig ist er in eine Reihe paralleler Rücken, „drumlins", angeordnet, die mit der Richtung der Eisströme zusammenfallen. Der untere Geschiebelehm hat eine weitere Verbreitung und ist besonders mächtig in den niederen Regionen, wird dünner und mehr zu Lokalmoräne, wenn er bis zu den Höhen von 450 m ansteigt.

2. ?Marine oder fluvioglaziale Sande über dem till, deren Fauna der heutigen ähnelt und etwas kälteren Bedingungen entspricht; ev. eine Senkung von 120 bis 150 m, deren Umfang noch unbekannt. Terrestrisches oder Süßwasserinterglazial noch nicht aufgefunden. Fossilfreier Kies bildet weit verbreitete Ablagerungen und lange Rücken, Eskers, namentlich im mittleren Irland; sie sind oft mit großen Blöcken bestreut und ihrer Bildung wohl analog den Åsar bzw. Kames oder Endmoränen. Die irländischen Esker sind gewöhnlich an eine geringe Meereshöhe gebunden, ihre Erhebung über die Umgebung ist selten mehr als 70 Fuß.

3. Oberer Geschiebelehm, erreicht nicht die Ausdehnung des unteren. Während seiner Bildungszeit war die Irische See von einem großen Gletscher erfüllt; seine Ausdehnung nach Westen ist unbekannt.

4. Lokale Gletscher in den Gebirgsgegenden (ähnlich wie in Schottland und England) als direkte Nachfolger bzw. Reste des vorigen Haupteises oder, wie Geikie meint, als Vertreter einer selbständigen „dritten" Eiszeit. Da Interglacialia zwischen beiden fehlen, werden einige „postglaziale" Bildungen hierzu gerechnet, so namentlich die Süßwassertone der großen Torfmoore, welche den Riesenhirsch in großer Menge führen.

5. Noch jüngeren Datums sind die kleinen Moränen in den oberen Teilen mancher Gebirgstäler Irlands (entsprechend den corrie-glaciers); wahrscheinlich nicht durch Interglacialia getrennt von der vorigen Zeit, sondern Überreste derselben.

6. Postglazial: Die untermeerischen Wälder und Torfmoore (besonders im östlichen und südlichen Küstengebiet), gehobene Küsten und rezente Alluvionen sind ganz analog den englischen. Nach Kinnahan finden sich in verschiedenen Torfmooren zwei Waldhorizonte, der untere mit Eiche und Eibe, der obere mit Kiefer, im Westen und im gebirgigen Teil bestehen beide Baumlagen bisweilen nur aus Kiefer.

Niveauschwankungen.

Wir haben oben gesehen, daß schon in den Geschiebelehmen vielfach Meeresmuscheln vorkommen, daß ferner zwischen Moränen muschelführende Sande oft in bedeutender Höhe lagern, deren Entstehungsweise verschieden gedeutet wurde; auch in postglazialer Zeit fanden hier vielfache Niveauschwankungen statt.

Als ein Beispiel der wechselvollen Geschichte des Quartärs sei hier die Darstellung Geikies über das schottische Quartär mitgeteilt (ohne ihm in allen Einzelheiten zu folgen):

1. Zu Beginn der Eiszeit lag Schottland etwa 90 m höher als jetzt.

2. Das Eis dehnte sich in einer Mächtigkeit von etwa 900 m über die benachbarten Meeresteile nach den äußeren Inseln aus; vielleicht trat zu dieser Zeit schon eine Senkung ein.

3. Interglazial: Das Eis schmolz so weit ab, daß die See in das Innere von Schottland eindringen konnte und mindestens die niedrigen Landteile frei wurden. Dies war durch Klimamilderung möglich.

Die höchste marine Grenze reichte bis 150 bis 180 m. Wahrscheinlich war die Senkung nicht überall gleich (zwischen 106 und 170 m).

Die gemäßigte Fauna von Caithness zeigt, daß die Nordsee eine ähnliche Fauna hatte wie heute; später erschienen arktische Formen und leiteten die neue Eiszeit ein.

4. Eine erneute Hebung rief dieselben Glazialverhältnisse von ziemlich derselben Ausdehnung hervor, wie sie zur ersten Epoche geherrscht hatten. Dagegen dauerte nach der Annahme Hulls die Senkung zu dieser Zeit fort, erneute Kältebedingungen veranlaßten die zweite Eiszeit; Gletscherschmelzströme trugen Schlamm in die See: Bildung des oberen Geschiebelehms mit vereinzelten marinen Schalen.

Wir können vielleicht auch hier an der Einheitlichkeit der Eiszeit festhalten, wenn wir die „interglaziale" Senkung als eventuell durch Eisdruck verursacht ansehen und annehmen, daß durch diese Senkung Strömungen mit gemäßigter Fauna Zutritt erhielten, bis schließlich die Gletscherwirkungen (in veränderter Form) wieder zur Geltung kamen.

Während die 30 m-Terrasse zeigt, daß Schottland zur Zeit der lokalen Gletscher um 30 bis 40 m gesenkt war, finden sich an den Küsten zahlreiche Strandlinien und Terrassen mit litoralen Molluskenschalen. An der Ost- und Westküste von Mittel- und Südschottland treten zwei wohlausgeprägte Küstenlinien auf, deren ältere zwischen 13 und 15 m liegt, ihre Muscheln sind die heutigen britischen und einige mehr nördliche Formen. In den Ästuarien des Tay und Forth sind die Küstenlinien sehr scharf ausgeprägt, wo 3 bis 9 m mächtige Ton- und Schlammschichten (bisweilen mit einzelnen Blöcken) bis zur Höhe von 13 m reichen und talaufwärts in Flußterrassen von Sand übergehen; in den niederen Lagen tritt *Scrobicularia piperata* auf, weiter talaufwärts fehlen meist die Muscheln. In den Mooren fanden sich Treibhölzer, Reste von Wal, ferner rohe Waffen u. a., an den alten Küsten Kjökenmöddings.

Geikie entwirft folgendes Bild über das Spät- und Postglazial Schottlands:

1. Nach der Zeit der Kames und Åsar, der Auflösung des zweiten Landeises, also nach Rückzug des letzten „Landeises", scheinen für längere Zeit mildere Klimaverhältnisse geherrscht zu haben.

2. Produkte der „dritten Eiszeit" Schottlands sind die Grund- und Endmoränen der Gebirgsländer; die großen Talgletscher und Einzeleisfelder (district ice-sheets) konnten zum Teil in den niederen Geländen zusammenfließen, Eisberge kalbten in den Fjorden der Sealochs. Vorausgehend und gleichzeitig war die Landsenkung in dem Betrage von über 30 m (marine Tone mit arktischer und borealer Fauna), Treibeis verteilte Findlinge.

3. Neue Landhebung bzw. Rückzug des Meeres und allmähliche Verbesserung des Klimas folgte; große Wälder, besonders von Eiche, bedeckten das Land bis auf große Höhen, gemäßigte Säugetierfauna

verbreitete sich; die westlichen und nördlichen Inseln waren landverbunden („unteres Waldbett“).

4. Ästuarablagerungen (Marschtone) der großen Flußbecken; 13,5 bis 15 m-Strandlinien, die zum Teil von Moräne bedeckt sind (Hochtalgletscher): Dem vorigen milden Klima folgte kälteres und feuchteres, welches das Wachstum von Torfmooren begünstigte (Torf über dem Waldbett, hochgelegene Flußterrassen).

5. Erneuter Rückzug der See, Landgewinn; trockeneres, kontinentaleres Klima, erneuter Waldwuchs.

6. Senkung um 7,5 bis 9 m im zentralen Schottland, kälteres und feuchteres Klima, Gletscher treten in den höchsten Gebirgsteilen auf. Torfbildung, 7,5 bis 9 m-Strandlinien.

7. Rückzug der See, Übergang zu den heutigen Verhältnissen, Klima trockener als vorher; Rückgang der Wälder.

Auch für England und Irland gilt ein Gleiches. Durch Senkung unter den Meeresspiegel gebrachte Torfmoore und Wechsel von marinen Schichten mit Torf sind nichts Seltenes.

In einem breiten Gürtel ziehen sich um die Küsten von Großbritannien, Frankreich und Belgien die postglazialen Ablagerungen, welche einen mehrfachen Wechsel von Hebung und Senkung bezeichnen.

In Südwales, Süddevon und Cornwall sind auf weite Strecken der Küste präglaziale Täler nachgewiesen, von Geschiebelehm und anderen Glazialschichten erfüllt, über welchen postglaziale Ablagerungen (nicht älter als die submarinen Wälder) liegen. Die Böden dieser Täler liegen 24 bis 33 m unter Niederwasser! Das gleiche ist aus den Tälern von Nordwales, Cheshire und Lancashire bekannt, mit etwa 60 m unter das Meer hinabreichenden Tiefen. Auf die Zeit der Erhebung um mindestens 36 m zur Glazialperiode muß also eine Senkung (Strandlinien), darauf eine erneute Hebung erfolgt sein (submarine Torfe) und neuerliche Senkung auf den jetzigen Stand.

Bis zu 3 bis 15 m hoch gehobene Küstenlinien oder wenigstens der sie gewöhnlich begleitende „Head“ sind vielfach an der Küste Südenglands zu beobachten.

Von einer rezenten Küstensenkung bei Torbay berichtet Pidgeon: Auf „Head“ von Trias liegt Ton (zum Teil mit massenhafter *Scrobicularia, Hydrobia, Litorina*), auf diesem wurzeln Bäume, deren Stämme umgeworfen sind und ein torfiges Lager von Pflanzenanhäufungen bilden. Rezente Säugetierreste und ein Mammutmolar kommen hier vor. Unter dem Ton fand sich ein Schmelzherd der Bronzezeit, in den obersten Schichten Reste aus der Römerzeit. Der „forestclay“ war also wohl die Ablagerung in einem durch Düne geschützten Landsee, als die Küste mindestens 230 m weiter außen lag; vor seiner Bildung, als der Boden 12 m höher lag als jetzt, lebte der Mensch der Bronzezeit dort, das Vorkommen des Mammut reicht bis in die Bronzezeit.

Das südliche England außerhalb des Vereisungsgebietes.

Das Inlandeis hat die Themse nicht überschritten. Natürlich werden aber auch hier die Einflüsse der Eiszeit sich bemerkbar gemacht haben.

Monckton gliedert die Ablagerungen von unten nach oben wie folgt:

1. Southern Drift von Burghfield, Easthampstead, Betcham;
2. Brentwood shingle;
3. Glacial drift;
4. Talkiese (höchste Talkiese der Themse vielleicht gleichaltrig mit 3).

Weit verbreitet ist hier, im Binnenland in verschiedenen Höhenlagen und an der Küste, die „rubbledrift", Trümmergerölle, auch „Head" genannt, d. h. mehr oder weniger grobe, eckige, nicht weit transportierte Trümmer und Blöcke lokalen Ursprungs, bisweilen auch eine Art roher Schichtung zeigend, fossilfrei, oder auch Land- und Süßwasserschnecken und Säugetierreste führend. Ähnlich gebildet, nämlich durch Zertrümmerung des Bodens bei Frost und spätere Zusammenschwemmung durch Wildbäche ist der „Coombe-rock", der, in den Coombes und Süd Downs abgelagert, aus ungeschichteten oder roh geschichteten Flintbruchstücken in kreidiger Grundmasse besteht, weiter südlich in eine Anhäufung von Flint in Lehm und noch weiter in reine Ziegelerde übergeht.

„Trail" (Schleppe): Wunderliche Faltungen von Ton, Sand und Kies, ähnlich wie von Landeis hervorgerufen, entstanden durch Aufweichung des geneigten Bodens und Verschiebung desselben unter dem Druck der überlagernden Schneemassen. Überlagert wird der „trail und underplight" von „Rainwarp", dem späteren Resultat des Regens. Es sind die feineren Bestandteile des „trail", ein gelber, brauner oder roter Lehm, der unmittelbar unter der Ackerkrume lagert. Er zeigt ebenso wie der trail keine Spur von Meerestätigkeit. Bisweilen trifft man große Blöcke oder Fragmente von Geröllen, die in gefrorenem Zustande dahin verfrachtet sind. Auch kommt eine Wiederholung von zwei oder drei Lagern von trail vor, die durch rainwarps, Ziegelerde u. a. getrennt sind.

Spurrell hat auch noch auf die Entstehung der Trockentäler im Gebiete der Kreide hingewiesen; ihr Boden ist frei von den Verwitterungsresten des Gesteins; während kalter Zeiten war der Boden gefroren und eisbeladene Ströme konnten ihn erodieren. Vielleicht haben auch kleine Lokalgletscher existiert, jedenfalls war der Boden gefroren wie in Sibirien, Schnee und Schutt konnte die Täler ausfüllen und Veranlassung geben zu mancherlei Absätzen, Verlegungen von Flußläufen u. dgl.

Zu einer Zeit war England mit dem Kontinent verbunden, so daß die Fauna und Flora wandern konnte.

Höhlenfunde. In den Höhlen erscheint vielfach die Anhäufung von Sinter unterbrochen durch Erosion und teilweise Umarbeitung, zum Teil auch Bildungen von fließendem Wasser. Die Knochen und menschlichen Reste finden sich sowohl in der Erde wie im Sinter. Die paläolithischen Funde lassen nach Mortillet eine Gliederung in die vier Abteilungen zu: Chelléen (älteste), Moustérien, Solutréen und Renntierzeit (Magdalénien); zwischen paläolithischer und neolithischer Periode erscheint eine zeitliche Unterbrechung. Von Interesse ist das Vorkommen der südlichen Form Machaerodus neben den Tausenden von Hyänen- und Pferdezähnen in der Höhle von Kent.

Die Flußablagerungen, „river-drift“, bekleiden das breite Tal der Themse in unregelmäßigen Ablagerungen, bisweilen auch in Form einiger Terrassen. Prestwich zeigte, daß hier Perioden der Ablagerung mit solchen der Erosion wechselten, und hielt daher die höchsten Terrassen für die ältesten; indessen kann man nur zwischen hoch und niedrig gelegenen Ablagerungen einigermaßen unterscheiden. Nach dem Befunde der Werkzeuge scheint es, daß die hoch gelegene Drift im ganzen jünger ist als die alten Flußkiese, welche auf den Boden und die niederen Gehänge des Tales beschränkt sind.

Die präglazialen „Westletonbeds“ reichen nach Prestwich auch südlich der Themse und westlich bis nach Somerset; im Osten reichen sie ins Niveau des Meeres, nach dem Binnenlande im Westen steigen sie bis zu 150 bis 180 m Höhe an, hier an Mächtigkeit geringer werdend und höher liegend als die Glazialbildungen. Hier lag also ein präglaziales Meer oder ein breiter Küstensaum, der sich von Belgien nach Westengland erstreckte; später trat seit der Zeit des Red Crag eine ungleichmäßige Hebung und starke Erosion des Gebietes ein. Die Täler, z. B. das Themsetal, existierten zur Präglazialzeit noch nicht.

II. Das Glazialphänomen der Alpen.

Von der Feststellung der Glazialerscheinungen in den Alpen gingen die klassischen Arbeiten eines Agassiz, Charpentier, Venetz, Desor u. a. aus, hier war es, wo man die Theorie der Eiszeit aufstellte. Die umfangreiche Literatur ist in dem neuesten zusammenfassenden Werke von Penck und Brückner[1]) angegeben und eingehend benutzt.

Fig. 14.

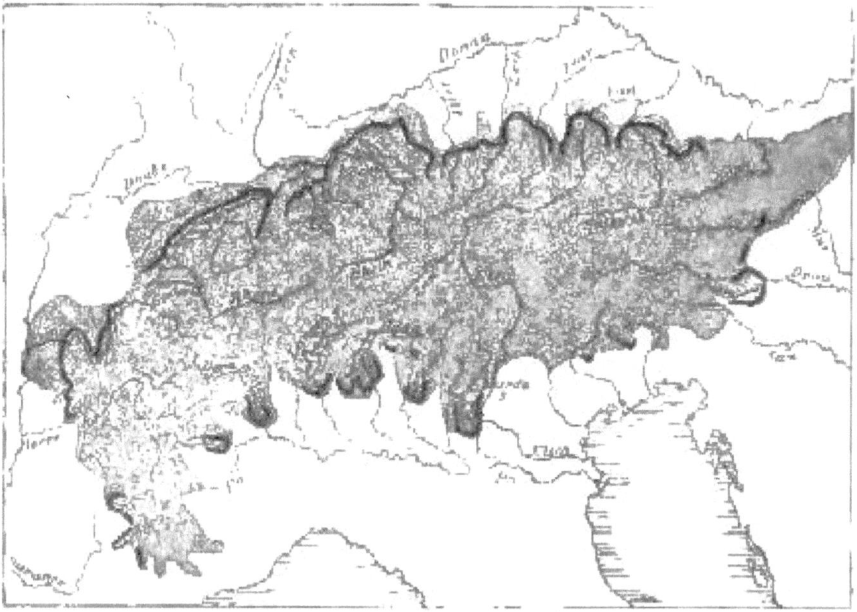

Das Alpengebiet im Eiszeitalter.
(Aus Kaysers Lehrbuch der Geologie.)

Überall in den Alpen treten dem Reisenden die frischen Spuren der Eiszeit in der Landschaft entgegen; auch hier haben Eis und Wasser gestaltend gewirkt.

---

[1]) Penck u. Brückner: Die Alpen im Eiszeitalter. Leipzig seit 1901. In 10 Lieferungen. Von Übersichtskarten der alpinen Eiszeit seien angeführt: Carte géol. internat. de l'Europe, Bl. 35 und Partsch, Mitteleuropa, Taf. 3. Gotha 1904.

Erratische Blöcke, Gletscherschliffe, Moränen und fluvioglaziale Ablagerungen sind es auch hier, die uns die Anzeichen der einstigen Vergletscherung bieten.

Die alpine Vergletscherung läßt sich auf die heutigen Ursprungsgebiete zurückverfolgen, daneben existierten aber auch weitere Gletscherzentren in heute eisfreien Bergteilen; in den Alpen zeigt sich besonders deutlich, daß das quartäre Glazialphänomen nichts anderes als eine mächtige Vergrößerung der gegenwärtigen Verhältnisse gewesen ist.

Die Eisströme waren abhängig von der Gestaltung der Teile des Gebirges, aus denen sie hervorgingen; die Größe und Art ihrer Entwickelung bedingten die Verschiedenheiten in dem Aufbau der einzelnen Gletschergebiete.

Weit ins Vorland drangen die Einzelgletscher des alpinen „Eisstromnetzes" und vereinigten sich hier zum Teil zu zusammenhängender Eisdecke der „Vorlandvergletscherung", in welcher aber stets noch die ursprünglichen Gletscher nachweisbar sind. Den klimatischen Verhältnissen entsprechend war das Vordringen auf der Südseite geringer als auf der Nordseite des Gebirges, und hier wieder im Osten (wegen den geringeren Höhen der Gletscherzentren und der trockeneren Luft) geringer als im Westen. Im Westen finden wir auch die größten Dimensionen der erratischen Blöcke.

Vordringen sowie Abschmelzen fand nicht kontinuierlich statt, sondern es machten sich hierbei Ruhe- oder Stillstandsphasen bemerkbar.

Dies hat Veranlassung zu einer speziellen Gliederung gegeben, die besonders den Arbeiten von A. Penck zu danken ist. Penck glaubte früher drei, später (1899) sogar vier getrennte Eiszeiten nachweisen zu können.

Auch der langsame Rückzug der eiszeitlichen Vergletscherung war durch zahlreiche Halte und neue Vorstöße unterbrochen; diese „Stadien" waren von viel kürzerer Dauer als die einzelnen Vergletscherungen. Penck unterscheidet drei solcher Stadien des erneuten Vorrückens, mit zwischenliegenden Zeiten größeren Rückzuges, sogenannte Schwankungen, und meint, daß sich die drei Stadien durch die Abstände ihrer Schneegrenzen um je 300 m unterscheiden: die des Bühlstadiums lag 200 bis 300 m über der der Würmzeit, die des Gschnitzstadiums weitere 300 bis 400 die des Daunstadiums wieder 200 bis 300 m und die heutige noch 300 bis 400 m höher. In der Achenschwankung lag die Schneegrenze etwa so hoch wie später im Gschnitzstadium. Später hat Frech noch ein viertes Stadium, das Tribulaunstadium, eingeführt, welches aber von Brückner verworfen wird[1]).

Somit ergibt sich die Gliederung des alpinen Quartärs nach Penck wie folgt:

Erste Vergletscherung, Günzvergletscherung. Älterer Deckenschotter (nach der Verknüpfung der Schotter mit Moräne im Gebiete der Günz, Nebenfluß der Donau).

Erste Interglazialzeit: Ausgedehnte Erosion.

Zweite Vergletscherung, Mindelvergletscherung. Jüngerer Deckenschotter (im Bereich der Mindel, Nebenfluß der Donau). Beide Deckenschotter lokal mit gekritzten Geschieben und mit Grundmoränen.

Zweite Interglazialzeit: Elephas meridionalis. Älterer Löß.

Dritte Vergletscherung, Rißvergletscherung. Äußere, Altmoränen und Hochterrassenschotter (ausgezeichnet mit Moränen verknüpft an der Riß am Nordsaume des Rheingletschers).

Dritte Interglazialzeit: Löß, Schieferkohlen von Wetzikon usw., Kalktuff von Schaffhausen, Höttinger Breccie.

Vierte Vergletscherung, Würmvergletscherung (nach dem Würmfluß auf dem Münchener Felde). Innere, Jungmoränen und Niederterrassenschotter.

(Laufenschwankung [Laufen unterhalb Salzburgs] bezeichnet die Oszillation, welche die Würmvergletscherung während ihres größten Standes machte. Niederterrassen zwischen zwei Moränen.)

Achenschwankung: Rückzug der Gletscher (nach dem Damme des Achensees benannt, dessen untere Partie während ihr entstanden ist). Schieferkohlen von Gr.-Weil, Hopfgarten, Ton von Schwaiganger.

Bühlstadium. Gletschervorstoß. Im Inntal oberhalb Kufsteins typischer Komplex von Schottern und Moränen, der anzeigt, daß der Inngletscher hier einen längeren Halt gemacht hat (nach den kleinen vom Eise aufgeschütteten Hügeln, „Bühlen“, benannt).

Gschnitzstadium (nach den Endmoränen im Gschnitztal).

Daunstadium. Endmoränen im Kargebiete der Miemiger Kette bei den Daunbergen. (Tribulaunstadium.)

Interglazial des alpinen Diluviums.

In den Ablagerungen der alpinen Vergletscherung hat man zuerst die Beweise für eine, bzw. mehrmalige Unterbrechung der

---

[1]) Frech, Antlitz der Tiroler Zentralalpen. Zeitschr. Alpenver. **34**, 1903. Brückner, Die Eiszeiten in den Alpen. Geogr. Zeitschr. **10**, 1904.

Eiszeit zu finden geglaubt. O. Heer beschrieb die „interglazialen“ Kohlen von Dürnten und anderen Orten. Als beweisend für Interglazialzeiten gilt:

1. Die zum Teil intensive Verwitterung der älteren Glazialgebilde, ihre teilweise Verfestigung zu Nagelfluh und die Bedeckung der älteren Schotter durch Löß; weiter die beträchtliche Erosion, welche sich auf den, jeweiligen Eiszeiten entsprechenden, Schotterablagerungen der verschiedenen Niveaus vollzogen hat (in den eisfreien Zeiten wurden auf ihnen die Täler durch gewöhnliche Flüsse wie heute vertieft).

2. Einschaltung von Schichten mit Tier- und Pflanzenresten eines gemäßigten Klimas, Torf und Schieferkohlen. Der Grundgedanke dabei war immer, daß die eigentliche Eiszeit selbstverständlich ein kaltes Klima gehabt haben müsse und also Funde von Pflanzen oder Tieren, welche einem gemäßigten oder milden Klima entsprechen, eine allgemeine Änderung des Klimas beweisen.

Indessen lassen sich die sogenannten interglazialen und interstadialen Vorkommnisse teils als prä- oder frühglazial, teils als post- bzw. spätglazial deuten.

Mehrorts finden sich abbauwürdige Flöze von stark zusammengepreßtem Torf, sogenannter Schieferkohle. Wir finden die Lager fast ausnahmslos innerhalb der Jungendmoränenbogen der alpinen Gletscher.

Auch manche Kalktuffe mit ihrer Fauna und Flora, sowie ein Teil des Löß werden als interglazial angesprochen. Als sehr beweiskräftig wird ferner die sogenannte Höttinger Breccie bei Innsbruck angeführt, in welcher Pflanzenreste vorkommen, die heute auf das südliche Spanien beschränkt sind. Vermutlich liegen hier Schutthalden der Präglazial- und eigentlichen Glazialzeit vor.

Penck und Brückner haben in ihrem Buche eingehend die verschiedenen Interglazialfunde besprochen. Weiter sind von botanischer Seite die vermeintlichen Klimaänderungen besonders am Schluß der Eiszeit untersucht (z. B. von A. Schulz). Bei Annahme einer Verschiebung der Klimazonen nach Norden wären nach A. Grund[1]) die Alpen in den Interglazialzeiten ein

---

[1]) Grund, Geomorphologie am Rande von Trockengebieten. Sitzungsber. akad. Wiss., 145, Wien 1906. — Nach der Auffassung Grunds wäre der quartäre Löß Europas an den Rändern eines das Mittelmeergebiet einnehmenden Wüstengebietes abgelagert.

Steppengebirge mit der Morphologie der Versteppung gewesen, ähnlich dem heutigen Atlasgebirge mit seiner Versteppungslandschaft und feuchteren Inselbergländern. Die Auffassung des Verfassers ist in der Schrift über Wesen und Ursache der Eiszeit, Güstrow 1905, niedergelegt. Noch mag auf die oben S. 58 mitgeteilten Ansichten von Schmidt und Ludwig verwiesen werden. Sehr wichtig ist die große Arbeit von Früh und Schröter: Die Moore der Schweiz, Bern 1904, welche uns über Bildung der Torfmoore, die aus ihnen erlaubten klimatologischen Schlußfolgerungen, ihr Alter u. a. m. belehrt. Nach Schröter ist die überwiegende Mehrzahl der schweizerischen Moore sicher postglazialen Datums, die intramoränen sind unbedingt nicht älter.

Die Beziehungen prähistorischer Funde zu den einzelnen Abschnitten sind ebenfalls vielseitig erörtert (vgl. Penck und Brückner).

Moränen.

Penck unterscheidet Gries-(Grand-)Moränen, mit eckigem Schutt, ganz aus der Oberflächenmoräne abzuleiten, Übergänge zu Schutthalden bildend, Schottermoränen, besonders in Endmoränen, aus gewaschenem Geröll bestehend, Geschiebemoränen, mit Abnutzungserscheinungen, zur Untermoräne gehörig, Schlammmoränen, bei denen das beim Transport entstandene schlammige Gesteinspulver vorwiegt.

Gletscherzungen umgeben sich mit der Endmoräne, an welche sich fluvioglaziale Schotter anlegen, welche häufig mit der Moräne verknüpft sind, derart, daß sich zunächst der Übergangskegel anschließt und weiter das „Schotterfeld“ folgt, nahezu horizontal geschichtet, aus groben Geröllen bestehend, ohne feines Material.

Moränengürtel und Schotterfelder sind je nach dem Alter verschieden, letztere in Platten oder Felder zerlegt, in Tälern zu Schotterterrassen verwandelt, welche staffelförmig nebeneinander liegen; die jüngsten sind wenig verwittert, die älteren tiefgründig verwittert (geologische Orgeln) und zum Teil verfestigt (Nagelfluh).

Hinter der Gletscherzunge liegt das „Zungenbecken“, dessen Boden nach den Eisrändern ansteigt; in ihm finden sich nahe dem Rande die Drumlins und (aus dem Untergrundgestein bestehende) Rippen.

Alle Moränengebiete besitzen Zungenbecken, die von schmalen Moränengürteln umrahmt sind, teils offen, teils geschlossen, entweder erfüllt von Aufschüttungen oder wannenförmigen Seen. Die gegenüber den Seitentälern „übertieften" Haupttäler erweitern sich am Ausgange trichterförmig, an diesem Ausgangstrichter beginnt das Zungenbecken, im Norden überragt von dem hoch ansteigenden Sockel der Deckenschotter. Das räumliche Zusammentreffen der Grenzen glazialer Aufschüttung mit einer eigenartigen, auf die Gebiete der alten Gletscher beschränkten Erosion läßt sich als spezifisch glaziale Wirkung ansehen; die großen Zungenbecken verdanken ihre Entstehung nicht einer einzigen, sondern vier aufeinderfolgenden Eiszeiten.

Die glaziale Akkumulation beschränkt sich auf den schmalen Schmelzrand der Vergletscherung.

Penck scheidet Stamm- und Zweigbecken; nur die Zweigbecken treten unmittelbar an den Moränengürtel heran, die Stammbecken sind durch eine Drumlinzone geschieden.

Die Lage der Stammbecken ist charakteristisch: immer da, wo der große Eisstrom sich zu verästeln oder fächerförmig auseinanderzugehen beginnt.

Bei allen Zungenbecken kehrt die Neigung zur Wannenbildung wieder. In sehr verschiedener Weise finden sich in ihnen einzelne inselförmige Aufragungen, „Rippeninseln oder Rippenberge", Stellen, die von der glazialen Erosion weniger mitgenommen worden sind als ihre Umgebung, wo die widerstandsfähigeren, härteren Gesteinsmassen durch selektive Erosion herauspräpariert wurden.

Die Sohle der übertieften Täler liegt erheblich niedriger als die ihrer kleinen Nebentäler; die Flüsse der letzteren eilen ihnen durch enge Klammen zu oder stürzen in Wasserfällen zu ihnen herab, Stufenmündungen sind die Regel; der Querschnitt eines übertieften Tales ist U-förmig, mit Trogschluß; Stufenbau ist charakteristisch; Riegel queren die Täler (s. die Bilder bei Penck und Brückner, S. 289, 291, 298).

Zu Zeiten großer Gletscherschwankung sind in den Tälern die Terrassen gebildet worden. So ist die schöne Inntalterrasse eine mächtige glaziale Aufschüttung in dem übertieften Tale.

Eingehend haben Penck und Brückner die Lage der Schneegrenze, sowie die vermutliche obere Grenze der einstigen Gletscher und das Gefälle der Eisströme wie der Schotter zu berechnen versucht; ihre Angaben sind in ihrem Buche ausführlich enthalten. (Man kann sich allerdings des Eindrucks nicht erwehren, daß vielfach jene Konstruktionen etwas Schematisches und Gekünsteltes an sich haben.)

So meint Penck für die östlichen Alpen die Firngrenze rund 1300 m unter der heutigen Lage (ziemlich parallel mit ihr) angeben zu können, die der Rißzeit lag noch 100 bis 200 m unter dieser. Die Lage der Schneegrenze zur Würmzeit war in den Schweizer Alpen 1125 bis 1375 m hoch, das ist 1150 m unter der heutigen.

Die Erscheinungen an der oberen Gletschergrenze hat Penck eingehend geschildert. Im Firngebiet kann auch Grundmoräne abgelagert werden, dagegen verschwinden sowohl End- wie Ufermoränen, nur Blöcke und Schutt von den einstigen Nunatakr dienen zur Bestimmung der oberen Gletschergrenze. Von Einfluß ist auch die Einwirkung seitlicher Zuflüsse; Seitentäler können später durch Lokalgletscher die alten Ablagerungen wegführen und so die Gletscherhöhe herabdrücken, das erratische Material kann recht verschieden hoch liegen. Die „Schliffgrenze" ist die Höhe, bis zu welcher die Gletscher und ihre Scheuerstreifen reichten. An den eigentlichen Wurzeln der Gletscher, wo sich die Eisteilchen vom Gehänge weg bewegten, finden wir die Kare, „Nischen in den Gehängen, welche rückwärts meist von steil ansteigenden Felswänden umrahmt werden und sich nach vorwärts in stattlicher Breite gegen das viel tiefer eingeschnittene Gletschertal öffnen". Die Bodenhöhe der Kare ist nahe dem Niveau des benachbarten Talgletschers.

Infolge der ungleichen Erhebung des Gebirges im Westen und Osten gab es in den einzelnen oben beschriebenen Gebieten in den späteren Stadien Gletscher verschiedener Größe.

Die Gletscherentwickelung war folgende:

		Bühl-stadium	Gschnitz-stadium	Daun-stadium	Gegenwart
Inngebiet . . .		Eisstrom-netz	Talgletscher	Talgletscher	Talgletscher
Salzachgebiet	W O	große Talgletscher	Talgletscher	Talgletscher	Talgletscher Hängegl.
Ennsgebiet . .	W O	Talgletscher	Talgletscher Hängegl.	Hängegl. eisfrei	eisfrei

1. Die nördlichen Westalpen.

In den nördlichen Westalpen walten die Quertäler vor den Längstälern vor, es konnten also gut entwickelte Gletscher aus dem Gebirge treten. Dagegen liegt der Jura wie ein Wall vor und hinderte die freie Entwickelung, er staute die Eismassen; das Eis (in Hammerform statt Fächer-) überflutete zur Maximalentwickelung die Pässe und zum Teil das Gebirge selbst. Am

Fuße der Westalpen individualisierten sich nur drei Gletscher, Rhein, Rhone und Isère; ein hoch angeschwollenes mer de glace erfüllte das ganze Schweizer Hügelland zwischen Alpen und Jura.

Der Rhonegletscher reichte vom Gebirge bis über den Genfer See an das vorliegende Juragebirge; von diesem aufgestaut, teilte er sich in zwei entgegengesetzt laufende Arme: der eine folgte dem Rhonetal nach Südwesten und drang, vom Arvegletscher verstärkt, bis Lyon vor, hier mit dem Isèregletscher zusammen reichten beide noch weiter nach Süden; der andere ging nach Nordosten über den Neuenburger und Bieler See nach Bern und durch das untere Aaretal bis Aarau.

Östlich davon gelangten die kleineren Gletscher der Reuß, Aare und Linth in das Vorland.

Der Rheingletscher dagegen war von erheblicher Bedeutung. Schon im Gebirge teilte sich von ihm ein Zweig, der zum Linthgletscher ging; die Hauptmasse aber erstreckte sich längs des Rheintales über den Bodensee bis in die Gegend von Sigmaringen und Biberach.

α) Die helvetischen Gletscher. Die gewaltigen Gletscher der Schweizer Alpen verließen, abgesehen vom Rheingletscher, an fünf Stellen das Gebirge: am oberen Ende des Zürichsees der Linthgletscher, beiderseits des Rigi der Reußgletscher, am unteren Ende des Thunersees der Aaregletscher, am oberen Ende des Genfersees der Rhonegletscher, östlich von Genf der Arvegletscher; im Mittelland verschmolzen sie zu einem mer de glace, das auch den Jura querte; erst später, zur Würmzeit, trennten sich die einzelnen Zungen, zum Teil eisfreies Land zwischen sich lassend (vgl. Penck und Brückner, Karte S. 496).

Die präglaziale Landfläche war eine Rumpffläche, eine Peneplain, mit Abfallen von den Alpen weg (übrigens findet sich auch eine noch ältere, pliocäne, Rumpffläche auf den Höhen des Jura). Ob die Schweizer Alpen vor der Quartärzeit ausschließlich Mittelgebirgsformen besaßen, wie Penck dies für die Ostalpen annimmt, ist fraglich.

Die Endmoränen der Schweizer Gletscher sind charakterisiert durch starke Beimengung von eckigem Oberflächenmaterial, besonders mit Abnahme des Grades der Vergletscherung zunehmend; die größere Häufigkeit gegenüber den Moränen der Ostalpen beruht darin, daß in der Schweiz die Berge höher und steiler waren; aus dem gleichen Grunde erklärt sich auch das Vorkommen der riesenhaften erratischen Blöcke.

Die Moränen sind besonders reich an Quarzsand, welcher aus der Molasse stammt.

Die Schottergebiete im Nordwesten der Schweiz haben nicht immer übereinstimmende Deutung erfahren, zu ihrer Parallelisierung mußte man auch zum Teil zur Annahme von Dislokationen greifen; beachtenswert ist weiter, daß die verschiedene Geschiebeführung zweier Moränen nur als Lokalerscheinung gedeutet wird. Intensive Talbildung liegt zwischen der Ablagerung je zweier Schotter.

Die Schotter sind hier fast nur auf die großen Täler des Rheines und der Aare beschränkt und sind schwer zu parallelisieren, durch Ausstriche des Liegenden voneinander getrennt; sie stehen mit den verschiedenen Gletscherstadien in Verbindung, am deutlichsten der Niederterrassenschotter, der sich kontinuierlich bis zu den Endmoränen der Rhône-, Reuß- und Linthgletscher verfolgen läßt; auch der Hochterrassenschotter reicht mit Unterbrechungen aufwärts, aber ohne einheitliches Niveau innerhalb des Moränengebietes; weit spärlicher sind die Reste der Deckenschotter; der ältere tritt nur auf den Höhen auf.

Die Mächtigkeit schwankt, sie nimmt flußabwärts ab. Das Gefälle der Oberfläche vermindert sich ebenfalls flußabwärts.

Die Schotter sind auch nach ihrer Verwitterung verschieden, der Niederterrassenschotter frisch, der Hochterrassenschotter auch frisch, aber mit mächtiger Verwitterungsschicht und meist mit Löß bedeckt (der Löß ist also älter als der Niederterrassenschotter), die Deckenschotter mit starker Verwitterungsschicht. Große Blöcke in den Schottern sind durch Eisschollen verfrachtet.

Der Nachweis von vier Schottern wird auf vier Vergletscherungen des Mittellandes zurückgeführt (Mühlberg hatte auf fünf Vergletscherungen geschlossen).

Die Altmoränen des helvetischen Gletschers bilden keine wohlcharakterisierte Zone, da sie später starke Denudation erfahren haben, indem der Gletscher bis auf die talreichen Gebirge Schwarzwald und Jura traf (daher auch viel jurassisches Material beigemengt). Die höchste Höhe der erratischen Grenze liegt in 1450 m. Die äußere Grenze ist in Brückners Arbeit angegeben.

Der Gletschersaum lag verschieden hoch, nach Brückners Berechnungen reichte die Schneegrenze unter das Gebiet des Gletschers, nur der Norden gehörte dem Abschmelzgebiet an.

Da die Alt-Endmoränen mit Hochterrassenschotter in Verknüpfung treten, gehören sie der Rißvergletscherung an (welche hier also die sogenannte große Eiszeit der Schweizer Geologen darstellt).

Das Areal dieser helvetischen Gletschermassen (außer dem Rheingletscher) betrug 32000 qkm (davon 17000 auf die Alpen entfallend, 11000 auf das Mittelland, 4000 auf den Jura) Die Würmvergletscherung umfaßte nur 20000 qkm; die Ursache dieser großen Differenz lag nach **Brückner** nicht in klimatischen, sondern in orographischen Verhältnissen: die Stauung durch den Jura hatte den Gletscher so riesenhaft sich ausdehnen lassen, diese Stauwirkuung machte sich in der Würmzeit weniger geltend.

An zwei Stellen fanden sich auch Rückzugsmoränen innerhalb des äußeren Gletschersaumes.

Gebiet der **Jungmoränen** des **Linth- und Reußgletschers**: Die Niederterrassen der Nordschweiz treten an zahlreichen Stellen talaufwärts mit Jung-Endmoränen in Verknüpfung; letztere gehören zwei getrennten Eismassen an: den vereinigten Linth- und Reußgletschern im Norden und dem Aare-Rhonegletscher im Südwesten.

Das Gebiet des Linth-Reußgletschers ist charakterisiert durch nordwestlich gerichtete Täler (Limmat, Glatt, Aa, Sur, Wigger), in welchen Jungmoränen als Stirn- und Ufermoränen auftreten; der Gletschersaum ist gelappt infolge der Talfurchen, die trennenden Molasseberge waren im nördlichen Teile eisfrei, im südlichen vom Eis bedeckt (die äußerste Endmoräne klettert daher auf und ab, in den Tälern nach Norden ausbiegend, auf den Molassenhöhen nach Süden zurückweichend).

Die Oberfläche des Linth- und Reußgletschers lag beim Verlassen der Alpen in der Höhe von 1250 und 1200 m, Ufermoränen wurden in 1100 m abgesetzt.

Auch weitere Rückzugsmoränen sind vorhanden, wobei die Endmoränenwälle oft kilometerweit getrennt folgen, während die Uferwälle dicht liegen.

Prächtige **Drumlins** sind innerhalb der Endmoränenzone entwickelt.

Augenfällige Verzahnung von Schotter (Nagelfluh) mit Moränen ist mehrfach zu beobachten. Über die Zugehörigkeit mancher Schottervorkommnisse in verschiedener Höhenlage zu den einzelnen Vergletscherungen herrscht nicht volles Einverständnis.

Auch die Jungendmoränen des **Rhonegletschers** sind durch deutliche Ufer- und Stirnmoränen ausgezeichnet nachgewiesen, der Gletscher hatte zur Würmzeit eine hammerförmige Flächenausbreitung, zwischen ihm und dem Linthgletscher fand sich ein großes eisfreies Gebiet.

Die Vorkommnisse erratischer Blöcke weisen auf eine Höhe der Gletschergrenze am Ausgange des Rhonetals von 1450 m, an der Aare bei Thun von 1200 m[1]).

Die Rückzugsmoränen sind ebenfalls vorzüglich erhalten, sie lehren, daß bald nach Beginn des Rückzuges die südlichen Zuflüsse (Aare-, Saane-, Arve- und Isèregletscher) sich von dem Körper des Rhonegletschers ablösten und eigene Systeme von Moränen aufwarfen. Zu den Ablagerungen des Bühlstadiums gehören die schönen Moränen westlich und nordwestlich vom Thuner See, welche Desor das Motiv zu seiner „Moränenlandschaft" abgegeben haben.

Mit den Moränen sind auch hier Schotter in Verbindung; die Literatur zeigt nicht völlige Übereinstimmung bezüglich ihrer Gliederung.

Brückner unterschied auch hier drei Stadien des Rückzuges, jede durch eine bestimmte Depression der Schneegrenze unter die gegenwärtige Lage charakterisiert, die Schneegrenze lag im Bühlstadium 900 m unter der heutigen, im Gschnitzstadium 600, im Daunstadium 300 m. Auch die Größenverhältnisse der Gletscher boten in den drei Stadien charakteristische Unterschiede, die sich auf eine immer weitergehende Verminderung des Staues des Eises in den Tälern zurückführen läßt: „Während des Bühlstadiums waren alle großen Täler der Schweizer Alpen bis zu ihrem Austritt ins Alpenvorland von Eis erfüllt. Das Gschnitzstadium charakterisiert sich als Periode der großen Talgletscher in den oberen Haupttälern und in den Seitentälern, während die unteren Teile der Haupttäler eisfrei waren. Das Daunstadium stellt einen Gletscherstand dar, der sich dem heutigen nähert."

In diese Zeiten des Rückzuges fallen auch die zahlreichen großen Bergstürze (die sogenannte Tomalandschaft liefernd). Sie werden als Folge der glazialen Erosion betrachtet, unmittelbar nach dem Eisrückgange von den durch die seitliche Gletschererosion und Untergrabung der Taluferübersteil gewordenen Gehängen.

Das Lauterbrunner Tal (a. a. O., S. 612, 620) liefert ein

---

[1]) Die Höhe der oberen Gletschergrenze und die vermutliche Mächtigkeit des Eises im Stadium der Würmeiszeit ist von Brückner tabellarisch (a. a. O., S. 604) zusammengestellt. (Die erratische Grenze kann durch einmündende Seitengletscher herabgedrückt werden.) Es erhoben sich hier die Bergkämme noch um 1000 m über das Eisniveau, in den Ostalpen dagegen nur einige hundert Meter. Die Alpen hatten hier noch nicht Mittelgebirgsformen, Kare treten zurück.

Fig. 15.

Erratischer Block auf der Jungendmoräne des Rhonegletschers bei Herzogenbuchsee (aus Penck u. Brückner).

schönes Bild der Übertiefung. Der glazialen Erosion wird die Entstehung der schweizerischen Randseen zugeschrieben.

Die großen und breiten Täler des Mittellandes sind übertiefte Zungenbecken der alten Gletscher, in die präglaziale Landoberfläche und auch in den interglazialen Talboden eingesenkt. Die Stammbecken sind die trichterförmig erweiterten Mündungen der großen Alpentäler und ihre Fortsetzungen ins Mittelland; von ihnen gehen gleiche Zweigbecken aus. Das Gehänge ist ungegliedert, sie haben kein gleichsinniges Gefälle und bergen an ihrer Sohle Wannen, die mit Wasser gefüllt sind; zum tektonischen Bau des Mittellandes zeigen sie keine Beziehungen.

Die Glazialerosion nutzte den Untergrund ab und untergrub die Ufer; härtere Felspartien bildeten stehen gebliebene Rippen, flache, lange, gerundete Molasserücken, parallel zur Gletscherbewegung.

So ist der bis 143 m tiefe Züricher See und der Walensee (151 m) als Zweigbecken des Linthtalgletschers anzusehen, der Zuger (198 m) und Vierwaldstätter (214 m) gehört zum Reußgletscher, der Thuner zum Aaregletscher, Neuenburger und Genfer (310 m, mit fast ebenem Boden) zum Rhonegletscher.

Die Längsprofile zeigen, daß die am unteren Ende der Seen aufsteigende Gegenböschung immer von dem Gefälle des betreffenden Gletschers übertroffen wird.

Wichtig ist die Akkumulation in den Zungenbecken, wodurch die Randseen fortschreitend ihrer Ausfüllung entgegengehen.

Die Akkumulation fand schon frühzeitig statt, so spricht man z. B. von einem interglazialen Delta der Kander am Thuner See, und sind die Terrassen Beweise für solche, zeitlich unterbrochene Schotterbildung.

β) Der Rheingletscher (s. die Karte bei Penck und Brückner, S. 396) blieb auf dem Vorlande ganz selbständig.

Die fluvioglazialen Ablagerungen lassen auch vier Glieder unterscheiden, deren jedes mit Moränen verknüpft ist. Sie entsprechen den vier Eiszeiten. Die vier Schotter lagern ineinander geschachtelt, die zwei ältesten haben deckenartige Ausbreitung, die zwei jüngeren sind als Hoch- und Niederterrassen darin eingesenkt.

Die Deckenschotter lagern gestört; der Nordwestsaum des Alpenvorlandes soll eine Aufwölbung erfahren haben, zwei parallele

Störungslinien werden angenommen. Die deckenförmige Lagerung der ältesten fluvioglazialen Schotter weist darauf hin, daß eine präglaziale subalpine Abtragungsfläche, Peneplain, subaërilen Ursprungs vorhanden war. Der Nachweis für Schotteraltersbestimmung ist nicht überall sicher.

Altmoränen reichen bis zur Rauhen Alp, hier am Scheitelpunkt die größte Höhe, 740 m, erreichend. Das Gebiet umfaßt bis zum Fuße der Molassenkette 7000 qkm.

Der größte Teil der Altmoränen wird zur Rißeiszeit gerechnet (verknüpft mit den Hochterrassenschottern des Rißtales). Sie sind frei von Moorflächen, gleichsinnig abgeböscht, ihr Schotterrand auf den Raum zwischen Donau und Iller beschränkt.

Jungendmoränen bilden einen auffälligen Wall, der bis 1000 m Höhe reicht, ein Gebiet von 5200 qkm umfassend. Eisfreie Molasseinseln existierten zur Würmzeit.

In Oberschwaben lehnen sich außen an den Moränenwall ausgedehnte Schotterfelder von Niederterrassen (auch mit Moorflächen); 10 km innerhalb ein zweiter Kranz vom Endmoränen, von welchem überall Abflußrinnen, auch Schotterflächen ausstrahlen; der innere Kranz weist auf einen viel mehr gelappten Gletscher, die Ausbiegungen umgeben kleine Zungenbecken mit Stirn- und Ufermoränenumgrenzungen. Hier auch Drumlins.

Glaziale Stauseen weisen auf einen weiteren Halt der letzten Vergletscherung, deutliche Grenzen der vier Vergletscherungen sind zu finden; seit der Mindelzeit entwickelte sich jede Vergletscherung stärker nach West als nach Ost.

Der Bodensee gilt als ein großartiges Zungenbecken mit zahlreichen Zweigbecken, das Stammbecken ist eingesenkt in den älteren Beckenschotter; seine Fläche ist nicht viel größer als die des ehemaligen Rosenheimer Sees, die radialen Zweigbecken sind durch vereinte Wirkung der glazialen und fluvioglazialen Erosion entstanden. Das Rheintal ist nicht durch Einsinken oder Verbiegen, sondern durch Übertiefung eines älteren entstanden. (Heim hatte angenommen, daß die Alpen nach ihrer Aufstauung wieder zurückgesunken seien.)

Im Bereiche der Jungmoränen finden sich Reste von Altmoränen selten.

Der Jungendmoränengürtel reicht an zwei Stellen bis zum Gebirge in 1000 m Höhe, hier war ein 80 km breiter Eisstrom, weiter südlich engt er sich ein zu dem übertieften trichterförmigen Talausgang.

Moränen des Bühlstadiums sind im Rheintal nachweisbar; der Flimser Bergsturz soll dem Gschnitzstadium entstammen.

γ. Der Rhone- und Isère-Gletscher. Der Raum zwischen Alpen und französischem Jura war von mächtigen Eismassen erfüllt, die sich in Form eines dichten Maschennetzes über die südlichen Ausläufer des letzteren breiteten; das Eis des Rhonetales bildete mit dem des Arve- und Isèretales eine einheitliche Masse (rhodanischer Gletscher). Penck hat ausführlich die Verhältnisse beschrieben, vgl. auch seine Karte l. c., S. 640. Der Rhonegletscher reichte mit seinen Altmoränen bis an das französische Zentralmassiv (Lyon).

Auch hier kam es zu ausgedehnten Schotterbildungen, im französischen Alpenvorland kann man drei Schottergebiete unterscheiden, im Rhonegebiet auch vier Terrassen. Auch Lößablagerungen sind bekannt, aber gegenüber den östlichen untergeordnet. Zungenbecken, Seebildung, in den oberen Gebirgsteilen Kare, Talübertiefung, Verbauung von Tälern durch Moränen (mit Erdpyramidenbildung) u. a., sowie mehrfache Interglazialbildungen sind auch hier wahrzunehmen.

Penck gibt die auf S. 134 wiedergegebene Gliederung, welche auch für die prähistorische Chronologie wichtig ist.

2. Die nördlichen Ostalpen.

Hier sind es die drei Hauptflüsse: Inn, Salzach und Enns, welche für die Gletscherbahnen von Bedeutung waren; von Einfluß waren die Längstäler zwischen Zentralalpen und nördlichen Kalkalpen; in ihnen staute sich das Eis, um dann in einzelnen Strömen durch die Voralpen in das nördliche Vorland zu gelangen, hier sich wieder vereinigend zu einer zusammenhängenden Vorlandsvergletscherung, die sich erst in dem späteren Stadium in Einzelfelder auflöste. Es waren der Isargletscher, der Inn- und Salzachgletscher, daneben noch die unbedeutenden Iller- und Lechgletscher; im Osten schloß sich das Traungebiet an, mit dem kleinen Enns- und den größeren Traun- und Steyrgletschern.

			Herrschende Tiere	Stein-industrie	Bein-industrie	Prähistor. Epoche
		Post-Bühl	Hirsch	in Verfall	Hirschhorn	Tourassien
Würmeiszeit	innere Jungmoränen	Bühlstadium	Renntier	Madelaine-typus	Rengeweih	Magdalénien
	Isèretalterrasse	Achen-schwankung	Mammut		Elfenbein	
	äußere Jungmoränen	Maximum				Solutréen
	Niederterrassenschotter	Präwürmzeit				
Riß—Würm-Interglazialzeit	Löß	Steppenphase	Pferd	Moustier-typus		Moustérien
	Terrasse von Villefranche	Waldphase	Elephas merid.			
Riß-Eiszeit	Altmoränen	Eiszeit	Höhlenbär	Altpaläo-lithisch		
	Hochterrassenschotter					
Mindel—Riß-Interglazialzeit	Tone und Sande bei St. Cosme?					
Mindel-Eiszeit	jüngerer Deckenschotter					
Günz-Eiszeit	älterer Deckenschotter					
Jungpliocän	Quarzschotter					

Vor den Enden der Gletscher erstreckten sich große Moränengürtel und fünf Schotterfelder, die Iller—Lechplatte, die schiefe Ebene von München, die Inn—Salzachplatte, Traun—Ennsplatte und das niederösterreichische Schottergebiet; alle hängen durch die Donau zusammen.

Die Schotterablagerung erfolgte als „glaziale Fernwirkung" auf breiten Flächen der präglazialen, gegen die Alpen ansteigenden Landoberfläche (welche keine Aufschüttungs-, sondern eine Abtragungsfläche darstellt). Die einzelnen Felder sind von breiten Flußtälern durchzogen, mit zwischenliegenden zungenförmigen Höhen, sogenannten „Riedeln".

Es sind vier Schotter unterschieden, die allerdings nicht überall ganz gut nachweisbar sind, aber im allgemeinen auf allen fünf Feldern gleich sind:

Der ältere Deckenschotter breitet sich deckenförmig aus (von Gümbel wurde der Münchener Deckenschotter für präglazial angesehen), in ihn eingesenkt liegt der jüngere Deckenschotter in deckenähnlichen Feldern; die beiden jüngeren Schotter bilden höhere und niedere Terrassen längs der Flüsse. Man hat also eine „eingeschachtelte" Lagerung. Ausnahmen kommen vor; manche Fälle mußten durch Annahme von Sattelbiegung und dergleichen erklärt werden, um die Parallelisierung zu ermöglichen.

Nach der geomorphologischen Methode gelangt Penck zu folgendem Schlusse: Jeder der vier Schotter erweist durch seine Verknüpfung mit Moränen in der viermaligen Wiederholung eine vierfache Vergletscherung der Alpen; es wechselten Zeiten der Schotteraufschüttung mit Zeiten der Talvertiefung.

Die drei älteren Schotter sind von Löß bedeckt (Interglazialbildung), die Talbildung ist interglazial. „Die normale Talbildungsgeschichte ist mehrorts durch Krustenbewegungen gestört worden."

Auch durch die Verbreitung der Moränen glaubt Penck vier Vergletscherungen nachweisen zu können, die erste hatte eine etwa gleiche Ausdehnung wie die letzte, Spuren von ihr sind in Bayrisch-Schwaben anzunehmen, die letzte, die Würmzeit, hat den großen Endmoränenzug hinterlassen; von den beiden dazwischen liegenden sind die Spuren der Mindelzeit ganz verwaschen, während die Rißzeit mit größerer Sicherheit nachweisbar ist; beide hatten eine größere Ausdehnung als die erste und die jüngste.

Ein interglazialer Eisrückgang ist nur in zwei Fällen nachweisbar, in der Biber- und Salzburger Nagelfluh im Inn—Salzachgebiet (zur Riß—Würmzeit gehörig). Die Lößbildung reicht in das Moränengebiet.

Die Jungmoränen (im inneren Gürtel) bestehen aus zusammenhängenden Wällen und Drumlins, es sind Formen glazialer Aufschüttung, die Altmoränen der äußeren Gürtel bestehen auch aus Moränenmaterial, sind aber abgeböscht durch lange subaërile Erosion, sie sind bedeckt von Löß, welcher nie auf die Jungmoränen tritt, wohl aber zum Teil (selten) unter diese reicht.

Drumlins sind hier Endmoränengürtel, die vom Eise überschritten wurden und Rundhöckerform erhalten haben.

α) Der Iller-Lechgletscher war ein kleiner Gletscher, zur Zeit der größten Ausdehnung westlich mit dem Rheingletscher, im Osten mit dem Isargletscher zusammenhängend. Seine Jungendmoränen liegen 25 bis 30 km vom Gebirge entfernt, bis über Kaufbeuren reichend, während seine (weniger regelmäßigen) Altmoränen noch 3 km weiter reichen. Es lassen sich drei verschiedene Moränengürtel unterscheiden, die sich durch verschiedene Höhenlage und Vergesellschaftung mit verschiedenen Schottern trennen lassen.

Kleine Zungenbecken, Übertiefung des Lech- und Illertales sind auch hier zu konstatieren.

β) In bedeutender Entfaltung nahm der Isargletscher die ganze Breite des Raumes zwischen den Alpen und dem Tertiärhügellande im Norden der Donauhochebene ein, in seiner größten Entfaltung bis in das Quellgebiet der Glon reichend (s. Karte von Penck u. Brückner, S. 177). Er setzte sich aus vier Einzelgletschern zusammen, denen aus dem Isartal, der Walchen—Kochelseeniederung, dem Loisach- und dem Ammertal. Dementsprechend zeigt der (nördlich um den Ammersee und den Starnberger See sich vorschiebende) Verlauf seiner Jungendmoränen eine Zackenbogenform, während seine weiter nördlich vorgeschobenen Altmoränen einfacher verlaufen. Die Jungendmoränen zeigen eine stufenförmige Anordnung. Die Mindelvergletscherung hatte geringere Ausdehnung. Der Münchener Deckenschotter reicht 20 km weit in den Bereich der Jungendmoränen, seine Oberfläche ist hier geschrammt; typische Drumlins sind verbreitet.

Die Endmoränenbogen umschlingen die nördlichen Enden der großen Seen jenes Gebietes, des Ammer- und Würmsees, sowie die ähnlichen breiten Furchen des Wolfratshausener und Deininger Beckens; diese Furchen haben die Lage von Zweigbecken. Sie sind glazialen Ursprungs, in Münchener Deckenschotter eingeschnitten, aus Tälern hervorgegangen, die durch Gletschererosion eine gründliche Umgestaltung erfuhren. Übertiefte Stammbecken sind Kochel- und Walchensee, Murnauer Moor (hier viele Molasserippen); im Isar- und Ammertal sind das Tölz—Lenggrieser und das Ammergauer Becken Zungenbecken.

γ) Der Inngletscher, im Osten durch das Acheneis verstärkt, reichte, in ungestörter Fächerform, im Maximum seiner Entfaltung 65 km weit vom Fuße der Alpen bis an das Tertiärhügelland im Norden (bei mittlerer Mächtigkeit von 70 m betrug sein Volumen 160 cbkm); s. Karte von Penck und Brückner, S. 129. Seine mit Niederterrassen verknüpften Jungmoränen bilden einen 10 bis 12 km breiten Gürtel, in dem man fünf bis sechs einzelne Wälle unterscheiden kann.

Die Altmoränen liegen 10 km breit im Norden vor, mit Deckenschottern verknüpft, in ihrer speziellen Trennung schwierig. Die Grenzen des Inngletschers waren zu den verschiedenen Eiszeiten nicht parallel. (Die Profile zeigen, daß die Trennung der einzelnen Schotter und ihre Zustellung zu den verschiedenen Eiszeiten schwer und zum Teil gekünstelt ist.)

Innerhalb des Gürtels der Jungendmoränen treffen wir Drumlins auf „interstadialem“ Schotter.

In dem Rosenheimer Becken finden wir viele „Rippen“. Bei Rosenheim sind Kiese und Bänderton die Ablagerungen eines großen ehemaligen Sees, dessen Spiegelhöhe etwa 470 m hoch lag. Andere kleinere frühere Seen sind dort noch mehr innerhalb des Jungendmoränengürtels. Über dem Bänderton liegen die weiten Moorflächen der Rosenheimer Umgebung; in dem Bänderton des erloschenen Rosenheimer Sees fand Nathorst arktische Flora mit Pflanzen, die noch heute auf dem dortigen Moor leben.

Das Delta eines alten Sees bei Brannenburg, am Südende des Rosenheimer Beckens, ist von Moränen bedeckt, soll demnach weit älter sein als die letzte Vergletscherung (doch scheint uns Pencks Beweisführung nicht ausreichend).

δ) Auch der Salzachgletscher hatte Fächerform, er reichte bis 28 km vor den Alpensaum, 7 km vor den Jungendmoränen finden sich die Altmoränen der Riß- und Mindelzeit. Die Profile zeigen undeutliche Verknüpfung von Schottern mit Rißmoränen und Hochterrassenschottern, welche gekritzte Geschiebe aufnehmen und in Schottermoränen übergehen.

Die Würmmoräne lagert über Löß, welcher seinerseits die Altmoräne bedeckt.

Innerhalb der Jungmoränen finden sich Drumlins. Zur späteren Zeit waren Inn- und Salzachgletscher durch das Trauntal getrennt.

Auch innerhalb der jungen Endmoränen des Salzachgletschers finden sich ausgezeichnete Drumlins mit Schotterunterlage; einer Gletscherschwankung entsprechend sind die Schotter mit Moränen verbunden. Penck bezeichnet diese Schwankung, der auch der Rosenheimer See seine Bildung verdankt, als Laufenschwankung (nach Laufen, unterhalb Salzburg). Sie ist charakterisiert durch Niederterrassenschotter, die zwischen zwei Moränen gelagert sind.

In dieses Stadium fällt die Bildung der Nagelfluh von Glasenbach, während die Salzburger Nagelfluh interglazial sein soll. Ein „interglazialer" See von Salzburg, 80 m tief und 150 qkm groß, reichte vom Abfall des Untersberges bis in den Bereich des subalpinen Miocäns; er nahm das Zungenbecken der älteren Vergletscherungen ein.

ε) Kleine Nachbarn des Inn- und Salzachgletschers waren diejenigen des Chiemsees (Großer Achengletscher), der Prien-, Leizach-, Schliersee-, Tegernsee-, Saalach- und bayrische Traungletscher.

ζ) Der Gletscher der österreichischen Traun (Karte von Penck u. Brückner, S. 204) ist im Gebirge stecken geblieben. Sein Ursprung ist im Salzkammergut; anfangs bis Ischl ein zusammenhängender Strom, verzweigte er sich hier zum Traunsee-, Attersee- und Mond—Irrseegletscher; Fächergestalt auch hier.

Im Trauntalzweig liegt der 191 m tiefe Gmundener See, drei Moränengürtel, zum Teil in Verknüpfung mit Schottern, finden sich; die Moränenlandschaft ist am Traunsee in den höheren Kranz der Rißmoränen eingeschachtelt. Der Gmundener See ist ein übertieftes Zungenbecken; die Felswanne fällt mit einer Störungslinie zusammen.

Der Typus inneralpiner Moränenentwickelung ist am Irrsee, wo ein Stirnmoränenwald fehlt, während seitliche Ufermoränen sehr deutlich entwickelt sind.

η) Der Steyrgletscher ist der östlichste Gletscher, der die Alpen verließ, bis Kremsmünster reichen seine der Riß-Mindelzeit zugehörigen Altmoränen. Im Gebirge sind die Altmoränen verwischt; die jüngere Endmoräne liegt 40 km weit oberhalb.

ϑ) Der Ennsgletscher hat die Alpen gar nicht verlassen (daher ist sein Tal nicht übertieft). Drei Schotterterrassen sind im Gebirge nachzuweisen, die äußersten (Rißmoränen) liegen 30 km oberhalb des Ausganges bei Ramming.

Mehrfach finden sich höhere Terrassen, deren Schotter zum Teil zu fester (Mühlstein-)Nagelfluh verkittet sind, Verbindung mit Moränen sind auch hier beobachtet. Jungendmoränen und Zungenbecken liegen auch hier vor.

ι) Hier im Osten sind die lokalen Gletscher der nördlichen Kalkalpen selbständig geblieben; sie werden wichtig für die Berechnung der ehemaligen Schneegrenze, die zu 1100 m angenommen wird. Zentren lokaler Vergletscherung lagen in der Osterhorngruppe, am Schafberg, im Höllengebirge, am Traunstein, im Toten Gebirge, Almtal, Steyerling- und Steyertal, der Kremsmauer und dem Sengsengebirge, nördl. Ennstaler Alpen, Erzbachtal, Steir. Salza, Ybbstal, Erlauf- und Traisental.

Das obere Niveau des Inntalgletschers lag beim Seefeldpaß in 2200 m, bei Innsbruck in 2000 m, im unteren Inntal bei 1830 m, im obersten Salzachtal bei 2100 bis 2200 m, bei Zell am See in 2000 m. Überall ist ein geringes Gefälle bemerkbar. Das Eis lag somit höher als die Pässe und bildete hier eine zusammenhängende Masse, welche die Kalkalpen überflutete. In denselben existierten aber auch selbstständige lokale Gletscher. Auch über andere Sättel reichte das Eis hinüber, so am Arlberg, Engadin, Reschenscheideck, Brenner, Radstädter Tauern.

Zwischen diesen Pässen lagen die Zentren der zentralalpinen Vereisung, z. B. Ötztal, Stubai, Ziller, Hohe Tauern.

Die Gletscheroberfläche stieg langsam an, aus der Vereisung ragten Höhen von 800 bis 1000 m relativer Höhe hervor. Diese obere Gletschergrenze rechnet Penck zur Würmeiszeit.

Der Würmeiszeit folgte ein Rückzug der Gletscher, den Penck als „Achenschwankung“ bezeichnet (nach dem Damme des Achensees, dessen untere Partie während ihr entstanden ist). Der Achensee war ein Eissee am Rande eines Gletschers, der vom Inntal durch Aufschüttung abgedämmt wurde. Das Inntal ist bis über Imst hinauf eisfrei geworden, und es bildete sich in dem übertieften Inntale die mächtige glaziale Aufschüttung der Inntalterrasse.

In dieser Zeit erfolgte die Ablagerung von Schieferkohlen im Liegenden von Moräne mit unterlagerndem Bänderton bei Hopfgarten, von Schieferkohle bei Groß-Weil und von Tonen bei Schwaiganger.

Ein Komplex von Schottern und Moränen oberhalb Kufstein zeigt an, daß hier in einem folgenden Gletschervorstoß, dem Bühlstadium, der Inngletscher längeren Halt gemacht hat.

Die obere Grenze des Bühlstadiums ist am Fernpaß in 1750 m Höhe in Ufermoränen zu finden; Endmoränen des Stadiums liegen bei Weilheim, fluvioglaziale Schotter, über welche der Gletscher wieder hinweggegangen ist, finden sich bei Murnau.

Während der Achenschwankung war die Schneegrenze erheblich zurückgegangen, die Vegetation wagte sich schon in das Gebirge (Gr. Weil mit Kiefern und Fichte).

Auf der großen Inntalterrasse treten bisweilen Schuttkegel auf, die an Endmoränen eines weiteren Gletscherstadiums angelehnt sind. Treffliche Endmoränen dieses Stadiums sind bei Trins im Gschnitztale (daher die Bezeichnung), ferner im Stubaital. Auch in der Miemiger Kette findet man sie; dort aber auch noch jüngere Moränen, besonders bei den Karen, deren Zeit nach dem dortigen Bergnamen Daun als „Daunstadium" bezeichnet wurde. Oft sind die Ablagerungen jener jüngeren Stadien von Bergstürzen bedeckt.

Diese jüngeren Stadien sind in den Alpen östlich vom Inntal mehrfach durch Verbauung von Tälern mit Schotter oder Ton angezeigt.

3. Die Südalpen.

Der Durancegletscher. Das große Tal der Durance zeigt ebenso wie die Nebentäler nur geringe Entwickelung der Gletscher, die alle im Gebirge stecken geblieben sind; der 44. Grad nördl. Br. bezeichnet ihre Südgrenze. (Näheres siehe Penck, a. a. O. Karte S. 720).

Zwischen dem Gschnitz- und Daunstadium ist durch Florenfunde in Kalktuffen eine warme Interstadialzeit nachgewiesen.

Bei Nizza finden sich drei marine Terrassen, eine pliocäne in 50 bis 60 m, eine altdiluviale bei 25 m und eine mit der heutigen Fauna in 4 bis 5 m Höhe. Die berühmte Prinzen-Höhle östlich von Mentone führt in den mittleren und oberen Schichten Elemente der arktoalpinen Fauna (Rinoceros, Murmeltier, Steinbock, Ren), dagegen in den unteren interglaziale Formen (Elephas antiquus, Rhinoceros Merckii); diese lagern wiederum auf marinen Bildungen, welche der oben erwähnten Terrasse von 25 m entsprechen. Das Land hatte dort demnach mehrfache Niveauschwankungen erfahren.

Die padanischen Gletscher. Im Osten schließt sich an den Südfuß der Alpen die Poebene an. Hier war die Gletscherentwickelung bedeutender als im Westen; die Gletscher reichten zum Teil in die Poebene hinaus und schütteten ungeheure Massen von Moräne und Schottern auf, große, landschaftlich stark hervortretende Endmoränen umsäumen die Zungenbecken der bekannten oberitalienischen Seen und lassen dadurch die Gletschergrenze deutlich verfolgen. Freilich die starke Vergrößerung wie in dem nördlichen Vorlande treffen wir hier nicht, eine zusammenhängende Vorlandvergletscherung fehlt.

Die große Anzahl von Einzelgletschern, welche den zahlreichen zum Po laufenden Tälern entsprechen, können wir hier nicht speziell aufzählen, es mag auch hier wieder auf Pencks Buch verwiesen werden (Karte S. 786). Moränen, Zungenbecken, Schotter (z. B. der Ferretto äquivalent dem Deckenschotter), Löß treten hier in ähnlicher Gliederung wie in den Nordalpen zusammen. An den oberitalischen Moränenkränzen ließen sich drei Vereisungen unterscheiden und zwei Interglazialzeiten.

Das Bergland von Lugano wurde von den benachbarten mächtigen Eisströmen überflutet, und es entstand zwischen Adda- und Tessingletscher ein Eisstromnetz, von welchem die einzelnen Gletscher ausstrahlten; unter ihnen waren die aus dem Langensee- und Tessintal kommenden die mächtigsten. In ihren Zungenbecken liegen die bekannten oberitalienischen (insubrischen) Seen.

Zum Teil erhielt das Eis auch aus dem Norden Zufluß, die Rundbuckellandschaft des St. Gotthard- und St. Bernhardinpasses erweisen dies.

Ein hübsches Bild von der Entwickelung des eiszeitlichen Ogliogletschers (zum Iseosee gehörig) mit seinen verschiedenen Stufen hat Hess in seinem Buch „Die Gletscher", 1904, Taf. 4 gegeben.

Nördlich vom Golf von Venedig finden wir außer einigen kleineren Moränenbogen in der Gegend von Udine einen größeren; weiter östlich bleiben sie im Gebiege stecken.

III. Das Gebiet zwischen alpiner und nordischer Vergletscherung.

1. Die extraglazialen Ablagerungen, ihre Gliederung und Beziehung zum prähistorischen Menschen.

Das zwischen dem skandinavischen und alpinen Vergletscherungsgebiet befindliche Land mußte natürlich auch von den benachbarten Glazialbedingungen beeinflußt werden. Mächtige Kiesablagerungen, Kalktuffbildungen, großartige Erosionserscheinungen entsprechen in der Tat jener „Diluvialzeit“, und auch das Vorhandensein von Gletschern ist in den höheren Gebirgen nachgewiesen, die in innigem Zusammenhang mit Schottersedimenten stehen. Außerdem finden wir hier die Höhlenablagerungen mit ihren tierischen und menschlichen Überresten. Ferner liegt hier, außerhalb der Gebirge, das Gebiet des Löß, einer hochinteressanten, weit verbreiteten Ablagerung, welche die Fruchtbarkeit des Geländes wesentlich bedingt[1]).

In jenen eisfreien Gebieten drängte sich die Tier- und Pflanzenwelt zusammen und suchte sich der Mensch seine Wohnplätze. Wechsel zwischen Aufschüttung und Erosion, mit Terrassenbildungen der Täler u. a. m., Wechsel in den Pflanzenwanderungen mit ihren verschiedenen Klimabedingungen werden gern mit dem Wechsel von Glazial- und Interglazialzeiten parallelisiert und je nach der Auffassung des betreffenden Autors mit mehr oder weniger großer Bestimmtheit einem angenommenen Schema eingegliedert.

Die Schotter Thüringens liegen oft hoch über den heutigen

---

[1]) Der Löß ist ein hellgelber, kalkhaltiger, lockerer Lehm von sehr feiner, gleichmäßiger Ausbildung, meist ungeschichtet und porös, der vielfach die als Lößkindel bekannten Kalkkonkretionen führt und oft reich ist an Land- und Süßwasserkonchylien, sowie Landsäugetieren.

Als extraglaziale Bildung gilt er entweder für eine fluviatile oder äolische Ablagerung, d. h. als Absatz der Flußtrübe von Gletscherströmen oder durch abwechselnde Tätigkeit von Wasser und Wind abgelagerte Steppen- bzw. Tundrabildung. Nach einer dritten Auffassung ist der Löß gebildet durch die Anschwemmungen auf trockenem, mit einer Pflanzendecke überzogenen Lande mit Hilfe kleiner Rinnsale und Wasserläufe.

Wasserspiegeln und bilden Terrassen; man kann auch hier präglaziale, inter- und postglaziale Schotter unterscheiden.

Von den drei Schottern im Saaletal ist z. B. der obere und mittlere frei von nordischem Material, also vor der dortigen (ersten) Vereisung entstanden, der untere Terrassenschotter, 15 bis 20 m über der heutigen Talrinne, ist postglazial.

Im Rheinland, zwischen dem Neuwieder Becken und der Bonn — Kölner Bucht, lassen sich drei Terrassen verfolgen, deren höchste in 180 m Meereshöhe oder 130 m über dem heutigen Rheinspiegel liegt (jedenfalls in Verbindung mit der ehemaligen Landerhebung!), während die mittlere sich 20 m und die unterste nur wenig über dem heutigen Überschwemmungsgebiet erhebt. An manchen Stellen findet sich noch eine zwischen 210 und 270 m Meereshöhe.

Auch im böhmischen Mittelgebirge finden sich hoch gelegene Schotter, zum Teil 200 m über den jetzigen Flußspiegeln; drei Zeiten gesteigerter Erosion wechselten mit drei Trockenperioden (Lößbildung); in der Mittelterrasse und in den tieferen Lagen des Lehmes treten die großen diluvialen Säugetiere auf.

Ebenso bietet der Löß, der vielfach als Steppen- bzw. Tundrabildung gilt, gewisse Hinweise auf Gliederung und Klimaverhältnisse; dabei ist nur zu beachten, daß der Löß mehreren Epochen angehören kann. Der mitteldeutsche Löß läßt vielleicht eine ähnliche Gliederung wie der südwestdeutsche zu.

In den Höhlenfunden kann man auch vielfach nach ihrer Fauna, der bisweilen menschliche Reste beigesellt sind, mehrere Perioden unterscheiden. Klimaschwankungen scheinen auch hier sich bemerkbar gemacht zu haben. Freilich ist die Eingliederung in eines der gewählten Systeme nicht immer glücklich durchführbar.

Wichtig sind endlich die Kalktuffablagerungen, die besonders in Thüringen genauer studiert sind. Sie sind zum Teil sehr alt, die unteren Tuffe, z. B. der von Taubach bei Weimar, werden zum Teil der ersten Interglazialzeit zugerechnet. In ihm hat man Spuren des ältesten Menschen aus Deutschland gefunden (Chelléentypus), der zusammen mit den älteren Säugern (Elephas antiquus, Rhinoceros Merckii) u. a. lebte; der Kalktuff lagert auf alten Flußkiesen, die ebenso wie der Tuff von anderen auch für präglazial gehalten werden.

Vergleichung der thüringischen Kalktuffe mit dem westdeutschen Diluvium.

	Weimar—Taubach und Süßenborn	Westdeutschland
Postglazial	Löß und Humus	Tallöß
III. Glazial	Gerölle	Niederterrasse
II. Interglazial, oberes	Obere Weimarer und Ehringsdorfer Schichten. Sumpfbildung mit Landschichten wechselnd. Werkkalk. Letten.	Hauptlöß „Berglöß“
II. Interglazial, unteres	Untere Weimarer Schicht, Taubacher Schicht (Zone der *Helix canthensis*). Quellentravertine mit *Belgrandia*. Schicht mit *Valvata cristata*	Sandlöß
II. Glazial	Konglomerat und Kies, Geschiebemergel an der Basis d. Travertin. Parkhöhlen-Konglomerat	Mittelterrasse
I. Interglazial	Feste Travertine, Knochentuffe (menschl. Milchzahn), Süßenborner Kiese (*El. throgontherii*)	Mosbacher Sande
I. Glazial	Tone, Kiese und Konglomerate	Hochterrasse
Alt oder präglazial	—	—

Auch in den postglazialen Ablagerungen hat man noch einen Wechsel des Klimas gefunden und sehr verschieden verwertet.

So ist A. Schulz auf Grund von floristischen Untersuchungen zu dem Ergebnis gelangt, daß in Mitteleuropa lange nach dem Höhepunkt der (letzten) Vereisung zwei Zeitabschnitte folgten, während welcher die Sommer viel kühler und feuchter, die Alpengletscher daher viel größer waren als in der Gegenwart, und daß diesen „kühlen Perioden“ je eine „heiße Periode“ vorausging, in denen während langer Zeiten der Umfang der Alpengletscher wesentlich kleiner war als gegenwärtig. Das Schema wäre demnach folgendes:

Würmeiszeit, mit der Oszillation der Laufenschwankung.

Postwürmzeit; Rückzug der Alpengletscher (Achenschwankung.)

1. Vorstoß (Bühlvorstoß);
Rückzug = 1. heiße Periode.
2. (Gschnitz-) Vorstoß = 1. kühle Periode;
Rückzug = 2. heiße Periode.
3. (Daun-) Vorstoß = 2. kühle Periode;
Rückzug der Gegenwart.

Eine ähnliche Reihenfolge ist für Südrußland von Armaschewski angenommen:

1. Eine Erosionsperiode mit kaltem, feuchtem Klima (Mensch, Mammut, Nashorn, Moschusochs; auch noch im nächsten Abschnitt ausdauernd).
2. Eine Periode des Alluviums, mit mäßigerem, trockenem Klima, Zeit der Lößbildung und Entstehung der höheren Flußterrassen.
3. Eine zweite Erosionsperiode mit feuchterem Klima, der sich die Gegenwart anschließt.

Vielleicht kann man diese Erscheinung mit den barometrischen Schwankungen in Einklang bringen, die ihrerseits wieder durch die schon während der Eiszeit begonnenen Niveauschwankungen bedingt wurden und die gewissermaßen das Ausklingen der Störungen bezeichnen.

Da besonders in den extraglazialen Gebieten die prähistorischen Funde liegen, so darf endlich noch mit einem kurzen Wort auf die verschiedenen Ansichten hinsichtlich des Alters der fraglichen Schichten hingewiesen werden, zumal eine Gliederung geradezu als ein Bedürfnis für den Prähistoriker bezeichnet werden muß. Wie die Ansichten über die Gliederung der Einzelfunde auseinandergehen, ist in den vorliegenden Zeilen mehrfach angedeutet. Für das norddeutsche Diluvium hat Wiegers[1]) folgende Gliederung gegeben:

Postglazial: Neolithikum; Übergang vom Paläolithikum zum Neolithikum.

Zweites Glazial: Stufe von Thiede; Aufenthalt des Menschen im eisfreien Gebiete und am Rande des Eises; vielfach in Höhlen.

Interglazial: Stufe von Taubach; Einwanderung des Menschen.

Erstes Glazial und Präglazial: Eolithikum fehlt.

---

[1]) Zeitschr. d. d. geolog. Ges. 1905, S. 514.

Die wichtigsten Funde im Oberrheingebiet verteilt Steinmann[1]) folgendermaßen:

	Große Säuger	Prähistorische Stationen	Kulturstufen
Postglazialzeit	Hirsch, Reh, Schaf, Ziege, Ren	Schweizerbild (grau), Isteiner Klotz	Tourassestufe.
Postglazialzeit	Mammut, Pferd, Ren, Urstier	Keßlerloch? Schweizerbild (gelb?)	Madelainestufe.
Letzte Eiszeit (Würm)			Madelainestufe.
Letzte Interglazialzeit: Jüngerer Löß	Ren, Mammut, Pferd, Urstier	Munzingen, Egisheim	Solutréstufe.
Letzte Interglazialzeit: Rekurrenzzone	Pferd, Mammut, Nashorn, Urstier, Ren usw.	Achenheim, Vöklinshofen	Moustierstufe.
Vorletzte Eiszeit (Riß)			Moustierstufe.

2. Die vergletscherten deutschen Mittelgebirge und ihr Vorland.

Schwarzwald und Vogesen.

Nachdem schon ältere Geologen (Leblanc 1837, Agassiz 1841) auf das Vorhandensein von Glazialspuren in den Vogesen und dem Schwarzwald hingewiesen hatten, sind nunmehr die Verhältnisse in großer Sicherheit und Ausführlichkeit festgestellt[2]).

[1]) Pal. Renntierstation von Munzingen, Ber. d. Naturf. Ges. Freiburg 1906.

[2]) Geschrammte oder gekritzte Geschiebe oder geschrammte Felsoberflächen sind im Schwarzwalde nicht so häufig wie in den Alpen; dies hat seinen guten Grund in der Beschaffenheit des dort vorkommenden Gesteinsmaterials. Eine schöne Rundhöckerbildung der zweiten Rückzugsphase ist z. B. bei St. Blasien, Erzeugnisse der letzten Phase bei Menzenschwand u. a. zu beobachten.

Steinmann macht aufmerksam auf die verschiedene Wirkung von Wasser und Eis: Wasser liefert verzweigte Liniensysteme, die

Hierbei hat sich des weiteren ergeben, daß die am deutlichsten hervortretenden Gletscherspuren, nämlich Endmoränengebilde, in den Moränen gekritzte Geschiebe, Gletscherschliffe auf anstehendem Fels, der sog. „letzten" Eiszeit angehören [1]). Das ganze Oberrheingebiet bis zu den Höhen von 200 bis 300 m über dem Meere hinunter hat im Bereich der Eisbedeckung gelegen, so zwar, daß alle über 300 m gelegenen Erhebungen als Ausgangspunkte für eigene Vereisungen dienten. Viele der Gebirgsseen, z. B. der Titi- und Schluchsee, oder erloschenen Seebecken sind durch Moränen abgedämmt.

Wir können für den Schwarzwald die gegenwärtige Kenntnis der Verhältnisse mit den Worten von Prof. Steinmann zusammenfassen:

Eine allgemeine Moränenbedeckung aus der letzten Eiszeit wird im Schwarzwalde bis zu einer Seehöhe von etwa 800 m hinab beobachtet. Von dieser Eiskalotte aus senkten sich individualisierte Gletscherströme in die größeren Täler hinab, und diese fanden ihr Ende erst an dem Ausgange der Täler oder gar erst vor denselben, in Meereshöhen von 250 bis 350 m. Die Endmoränen dieser Eisströme liegen in den Tälern, aber in den Schottern der Niederterrasse versteckt, wurden von ihr verschüttet. Übrigens scheint das Eis auch über diese äußerste Endmoränengrenze hinaus sich erstreckt zu haben.

Die Endmoränen sind besonders in den höheren Teilen des Schwarzwaldes, in den Höhen von 900 bis 1100 m, zu erkennen, die damalige Schneegrenze wird zu 800 m Höhe angenommen. Firnflächen verschiedener Größe bestanden hier.

Rinne oder der Talboden bleiben schmal; die Eiswirkung gelangt flächenhaft zur Geltung, wodurch die Landschaft flachwelligen Charakter erhält, die Täler werden zu mehr oder weniger breitsohligen Trögen mit steilen, glatten Wänden umgewandelt, sie erhalten den Charakter der Fjorde, die Talsohlen haben ein unruhiges Relief durch gerundete Felsschwellen oder isolierte Rundhöcker (Toma), ferner höhlt das Eis Becken aus und bildet trichterförmige Talbeginne, Zirkustäler und Kare.

[1]) Vgl. u. a. Partsch: Die Eiszeit in den Gebirgen zwischen dem nordischen und dem alpinen Eisgebiet, 1904. S. auch die Karte der Glazialerscheinungen im Schwarzwald von Huber, Beil.-Bd. 21, Neues Jahrb. f. Min., Taf. 23, 1905.

Fig. 16.

Endmoräne in einem Schwarzwaldtal (oberstes Wutachtal, unterhalb des Feldsees. P. Platz phot. 1889).

Innerhalb der letzten Eiszeit lassen sich mindestens drei Phasen des Rückzuges erkennen durch drei scharf und weit voneinander getrennte Endmoränenzüge; so wies sie Steinmann z. B. folgendermaßen nach:

	Länge des Eisstromes.	Höhenlage des Gletscherendes.
Gutachtal:	1. Phase 16 km	850 m
	2. „ 12 „ (am Titisee)	860 „
	3. „ 1 bis 2 km (am Feldsee)	1000 bis 1100 m
Haslachtal:	1. Phase 14 km	820 m
	2. „ 8 „	870 „
	3. „ 1 bis 2 km	1050 bis 1100 m
Urseetal:	1. Phase 8 km	820 m
	2. „ 4 „	845 m
	3. „ — „	—

Steinmann und Regelmann[1]) gaben Kartenskizzen von einzelnen Gebieten der Ausdehnung jener jüngsten Vereisung.

Regelmann hat hier auch die Kare als Bildungen der Eiszeit erkannt (und zwar der dritten, letzten), z. B. die im Elbachgebiet am Kniebis, zum Teil mit Moränen abgeschnitten (der Höhengürtel der Elbachkare liegt 775 m über dem Meere), weiter die etwas jüngeren Kare Glaswaldsee, Blindsee, Hornsee, Mummelsee, im Kinzingtal (deren mittlere Höhe 669 m beträgt); endlich den Feldsee[2]).

Von einer Strudelkesselbildung bei Kandern berichtet G. Böhm.

Mächtige Schotter entwickeln sich vor den Endmoränen, und hier besonders tritt die Analogie mit den voralpinen Gebieten sehr deutlich vor Augen.

Wie für die Alpen, so wird auch für den Schwarzwald eine dreifache Wiederholung der Eiszeiten angenommen; besonders die Arbeiten von G. Steinmann haben hierzu viel Material und Aufklärung geliefert.

---

[1]) C. Regelmann: Über Vergletscherungen und Bergformen im nördlichen Schwarzwald, Stuttgart 1896, und: Gebilde der Eiszeit in Süddeutschland, 1903.

[2]) Die Kare sind Verwitterungserscheinungen nahe der Schneegrenze. C. Regelmann wies in den Vogesen und im Schwarzwald 312 Kare nach, und Endmoränen, die, in acht Zonen gruppiert, acht Rückzugsphasen der letzten Eiszeit entsprechen.

Außer der weiten Verbreitung glazialer Bildungen in den höheren Regionen des Schwarzwaldes finden sich auch in den tiefen Tälern und am Fuße des Gebirges weit ausgedehnte, mehrere Meter mächtige ungeschichtete, fest gepackte Geröllmassen, oft mit großen Blöcken, als deckenartige Ablagerungen, von 3 m Löß oder Lehm überlagert. Steinmann betrachtet sie als Grundmoränen, die z. B. in der Staufener Bucht von Gletschern geliefert worden sind, welche von den 800 m hohen Bergmassen westlich des Schwarzwaldes ausgingen und sich in Höhen zwischen 250 und 450 m zu einer geschlossenen Eisdecke vereinigten.

Nach Steinmann und Regelmann würde sich die glaziale Chronik des Schwarzwaldes und badischen Oberlandes folgendermaßen ergeben:

Die erste Eiszeit hat die höchsten Erhebungen des nördlichen Schwarzwaldes bis herab zu der Höhe von 600 m über dem Meere vergletschert.

Rasches Abschmelzen und dadurch bewirkte kräftige Talbildung fand in der ersten Interglazialzeit statt.

Dann erfolgte ein gewaltiger Vorstoß der Gletscher II bis hinab ins Rheintal, ein riesiger Plateaugletscher überdeckte Schwarzwald und Unterland:

1. Die ältesten Moränen, die größte Ausdehnung des Inlandeises bezeichnend, ursprünglich allgemein verbreitet; Grundmoräne des Schwarzwaldes und seiner Vorberge.

Die zu den Moränen gehörigen (durch reichliche Beteiligung von Buntsandsteinmaterial ausgezeichneten) Schotter wahrscheinlich durch spätere Erosion entfernt.

2. Hochterrasse. In Erosionsfurchen der vorigen Bildung (daher in tieferem Niveau) liegend; in Verbreitung vielfach an die jetzigen Flußläufe geknüpft. Buntsandsteinmaterial fehlt fast völlig, das vorvorherrschende alpine kristallinische Material meist stark zersetzt.

Rückzug und lange Trockenperiode mit Lößbildung = 2. Interglazial.

3. Älterer Löß[1]). Ausgezeichnet durch starke Verlehmung und den starken Kalkgehalt der nicht verlehmten Partien; geschichtete Lagen selten, ebenso sandige Ausbildung. (Höhenlehm = vollständig verlehmter älterer Löß). Zerfällt in mehrere (bis 5) Abteilungen. Schnecken spärlich und wohl nicht verschieden von denen des jüngeren Löß.

---

[1]) Man hat drei verschiedene Fazies des Löß zu unterscheiden:

Berglöß (Decken- oder Plateaulöß), zeigt keine Spuren erfolgter Umlagerung, arme Fauna.

Gehängelöß, enthält vielfach Einlagerungen älterer Gesteine, die oberhalb seines Vorkommens anstehen, unregelmäßige, dem Gehänge folgende Schichtung, reichere Fauna.

Tallöß, geschichtet mit lagenweisen Einschaltungen von Sand, Geröllen, Lößkindl; reiche Fauna.

Die dritte Eiszeit bedeckte nur die höheren Teile des Gebirges, bis zur Höhenkurve 670 m über dem Meere mit dem Eismantel. Auf diesem Stande blieb die Vereisung lange Zeit und bildete die Gürtel der Roßbergkare; auf dem stoßweisen Rückzug des Gletschers III wurden die höheren Kare gebohrt; endlich verschwand auch das Eis von der Hornisgrinde. Zeitliches Äquivalent dieser „postglazialen" Moränen ist nach Steinmann das Alluvium im Rheintal und den großen Zirkustälern.

4. Mittelterrasse. Als Moränen und Schotter des Schwarzwaldes in Erosionsfurchen von 2. und 3. abgelagert; das fast ausschließlich kristalline Material mäßig stark zersetzt; gewöhnlich zu kalkiger Nagelfluh verkittet. Mehrfach in Überlagerung des älteren Löß getroffen, selbst überlagert von jüngerem Löß. Äquivalent ist in den Lößgebieten der tiefere Teil der „Rekurrenzzone" des jüngeren Löß [1]).

5. Jüngerer Löß, in den tiefsten Lagen geschichtet und verunreinigt (Rekurrenzzone), in den Tälern mächtiger als in der Bergregion. In feinsandiger Entwickelung in der Nähe der Rheinregion bis etwa 150 m über die Rheinebene aufsteigend. Die höchsten Lagen ungeschichtet und fossilfrei. Anzeichen eines steppen- bis wüstenartigen Klimas (Kantengerölle, Sandwehen).

6. Niederterrasse. Jüngste, vielfach durch Endmoränen bezeichnete Aufschüttung in Erosionsfurchen von 4. und 5. liegend; im Rheintal und den größeren Nebentälern als Schotter und Kies; die Erosionsfurchen meist an die jetzigen Flußläufe gebunden. Zeitliches Äquivalent in den Lößgebieten = zusammengeschwemmter Löß und Lehm, Alluvium.

Vogesen: Auch in den Vogesen kennt man untrügliche Beweise einstiger Vergletscherung: typische Endmoränenwälle, die quer über die Täler hinwegsetzen (z. B. im Münster-, Doller-, Amariner-Tal) oder Gletscherseen abdämmen [2]), prächtige Rundhöcker und geschrammte Felsoberflächen (z. B. am Schwarzen See, am Belchensee, am „Glattstein", bei Wesserling, am Forlenweiher, Lutzer See, am Fischbödle usw.). Seitenmoränen (z. B. im Dollertal, bei Metzeral zum Fechtgletscher gehörig), gekritzte Geschiebe im Moränenschutt.

Pohlig hat kürzlich das Bild einer Reliefkarte veröffentlicht, auf der die einzelnen Gletscher der Vogesen ersichtlich sind. Wir finden da den Blanchemer- und Volognegletscher nach Westen ab-

---

[1]) Die Aufschüttung von äolischem Material wurde unterbrochen durch eine Rekurrenz erhöhter Wassertätigkeit (vielleicht Stillstand oder unbedeutendes Vorschieben der Gletscher im Gebirge). (Vgl. die Bemerkung auf S. 154.)

[2]) z. B. den 150 m tiefen, 1054 m hoch gelegenen Weißen See.

fließend, den Gr.-Turbach-, Herrenberg-, Steinwasen-, Leibltal-, Altweiher-, Fischbödle-, Riedweiher-, Schwarzweiher-, Schlucht-, Wurzelstein-, Grünsee-, Forlen-, Schwarzsee-, Weißsee-Gletscher nach der Ostseite verzeichnet. Ein Hauptfirnfeld lag nach Deecke am Elsasser Belchen; seine Gletscherzunge erstreckte sich im Dollertal bis Kirchberg, von Norden mündeten die Eisströme des Neuweiher- und Sternseetales ein, von Süden flossen vom Wißgrütt und der Fennematte der Gletscher des Wagenstalltales und des oberen Dollertales zusammen.

Die Südvogesentäler haben durch die Moränen ein charakteristisches Gepräge erhalten; die nördlichen Vogesen scheinen während der letzten Eiszeit nicht mehr von Firn bedeckt gewesen zu sein.

Viele der Vogesenseen werden als Kare aufgefaßt, so der Schwarze See in 950 m Meereshöhe.

Spuren ehemaliger Vereisungen in Lothringen sind Schichtenfaltungen und ähnliche Erscheinungen und ferner Erosionerscheinungen, so das Mar-Phänomen (kleine zuflußlose, 3 bis 4 m tiefe runde, früher immer mit Wasser gefüllte Vertiefungen, 40 bis 60 m im Durchmesser), ähnlich wie unsere Sölle auch wohl mit kleinen Tälern in Verbindung, meist da, wo die älteren Schichten von Lehm bedeckt sind.

Löß ist nach v. Werweke in Lothringen nicht bekannt, dafür tritt Lehm auf, der auch im Rheintal zum Teil den Löß ersetzt. Der Lehm läßt sich hier in drei Stufen teilen (gegenüber nur zwei ungleichalterigen Lößen im Rheintal).

1. Im Elsaß ist ein Teil der (gebleichten) sandigen, sowie kiesigen und tonigen Bildungen pliocänen Alters, von ursprünglich sehr weiter Verbreitung. Das Gefälle ging damals im oberrheinischen Tiefland nach Süden; spätere Niveauveränderungen sind nachweisbar. Eine weitere Abteilung ist der „Blockton“, eine moränenartige Bildung der oberpliocänen Zeit.

2. Das älteste Diluvium nähert sich noch der vorigen Abteilung, es sind ungeschichtete lehmig-sandige Massen mit Blöcken oder Blockton-Grundmoräne. Dazu gehören die Deckenschotter, die aus der Nordschweiz in den Sundgau reichen, aus rheinischem Material bestehend, mit tiefgreifender Verwitterung.

3 u. 4. Durch deutliche Talbildungsvorgänge von den vorigen und untereinander getrennt sind die beiden Schotter, der mittlere und jüngere; sie bilden deutliche Terrassen (zum Teil 30 m über den Rhein ansteigend).

Der Blockton am Vogesenrande (Grundmoräne) gehört zu den mittleren Schottern, während die jüngeren Schotter zu den Endmoränen in den Tälern der Hochvogesen führen.

5. Lehm und Löß, nicht eine einheitliche Bildung, sondern ein Teil ist älter als der jüngere Diluvialschotter: Im Löß findet man eine Lehmzone = alte Verwitterungsdecke, mit humos-lehmiger Schicht (Kulturboden des Diluvialmenschen) als Oberfläche des alten Löß. Darüber folgen dann sandlößartige, allmählich reinere Lößmassen und endlich reiner Löß.

Also wenigstens einmal während der Lößbildung muß eine lange andauernde Unterbrechung derselben, sowie ein auffallender Wechsel der Ablagerungs- und somit wohl auch der klimatischen Verhältnisse, welcher erst allmählich wieder zu den früheren Verhältnissen zurückführte, stattgefunden haben.

Es haben demnach seit dem Oberpliocän in dem linksrheinischen Teile der mittelrheinischen Tiefebene fünf Perioden der Aufschüttung stattgefunden, denen je eine Zeit der Auswaschung folgte. Die Aufschüttungen entsprechen den alpinen Eiszeiten, so daß folgende Gliederung angenommen wird:

1. Sundgauer Schotter (Pliocän).
2. Ältere Decke = Günzzeit.
Jüngere Decke = Mindelzeit.
Hochterrasse = Rißzeit.
Niederterrasse = Würmzeit.

Ein wichtiges Profil für die Gliederung des Löß ist das von Hangenbieten bei Straßburg (Andreä, Abh. geol. Karte Elsaß-Lothringen IV, 1884; v. Werweke, Zeitschr. d. geol. Ges. 1893; Benecke u. a, Geol. Führer durch den Elsaß, S. 234).

1. Postglazial: Löß der oberen Terrasse, typischer Löß mit Landschneckenfauna;
2. glazial?: Sandlöß oder älterer Löß mit Süßwasserkonchylien, roter regnerierter Vogesensand mit lößartigen Mergeleinlagen;
3. interglazial: ältere Diluvialmergel mit Sandeinlagerungen.

Weitere Vorkommnisse in Süd- und Mitteldeutschland.

Nördlich der Vogesen trug auch das Hardtgebirge Gletscher: Thürach wies bei Klingenmünster in der Rheinpfalz Grundmoränen von Hardtgletschern nach. (Dieselben lassen sich sogar in drei verschiedenalterige Ablagerungen trennen, deren tiefste mit der oberpliocänen von Epfig parallelisiert werden, während die oberen entfärbten Blockmassen der „löcherigen Nagelfluh“

in der Schweiz und die roten Moränen der dritten Abteilung der Haupteiszeit entsprechen; Moränen der letzten Eiszeit fehlen.)

Auch im Odenwald und Spessart sind an zahlreichen Punkten Reste von Grundmoränen der Haupteiszeit gefunden; diese Moränen lagern sowohl auf den hohen Teilen des Odenwaldes, als bis zu Tiefen von 150 m über dem Meere herab. Geschrammte Geschiebe fehlen allerdings. Auch auf der Höhe des Taunus fand man Moränenablagerungen.

Im oberen Neckargebiet sind Gletscherspuren gefunden im Gebiete der Glatt, des Diesenbachs und der Eschach.

Zwischen Horb und Altenburg konnte Stoller ziemlich konstant anhaltende Terrassen feststellen; die dortigen Untersuchungen ergaben, daß in der Haupteiszeit mehrere bedeutende Oszillationen der Gletscher und demgemäß auch Schwankungen in der Wasserführung der Flüsse eintraten. Noch unterhalb Horb treten moränenartige Bildungen auf.

Ein (übrigens auch in anderer Beziehung) hochinteressantes Gebiet ist der Ries, wo Koken Glazialerscheinungen (von anderer Seite allerdings angefochten) nachgewiesen hat.

An den Rändern des Rieskessels, besonders im Wörnitztal, fand er glaziale Schutthäufungen, Moränen und gekritzte Geschiebe, Schliffflächen und Rundhöcker bis in die Gegend von Donauwörth. Es scheint ihm, daß im Ries selbst ein großes Sammelbecken für Firn und Eis gelegen hat, welches das Eis selbst gegen einen Paß hinaufzuschieben vermochte.

Aus dem nördlichen Bayern beschrieb Thürach Stauchungserscheinungen bei Nürnberg und bei Monheim, wodurch eine Vergletscherung der Alb nachgewiesen wäre. Bei Erlangen sind drei verschiedene Terrassen zu beobachten.

Das Vorkommen von alpinen Geschieben bei Treuchtlingen nördlich des Fränkischen Jura würde die Annahme eines großen alpinen Gletschers erweisen, der in der nördlichen Fortsetzung des Lech- und Donautales bis auf die Höhen des Fränkischen Jura reichte; die betreffende Geröllablagerung wird an den Beginn der Deckenschotterbildung gestellt.

In Schwaben läßt sich der Löß nicht in Horizonte zerlegen; er entstand zum Teil gleichzeitig mit den Schottern der Hochterrassen, zum Teil aber erlangte er am Schlusse der Hochterrassenzeit seine breiteste Ausdehnung. Er findet sich wesentlich außerhalb der großen Endmoräne (ist also gleichzeitig mit der zweiten Vereisung).

Der klimatische Wechsel der „Rekurrenzzone“ scheint nicht so bedeutend gewesen zu sein, daß er sich allgemein geltend machte und daß man ihn als ein für die Erdgeschichte bedeutsames Ereignis registrieren müßte.

(Eine vergleichende Tabelle des schwäbischen Diluviums gab Koken im Jahrb. f. Min., Beilageblatt 14, 1901, S. 130.)

Im Untermaintal ist die Diluvialablagerung nach Kinkelin folgende: zu unterst Taunusschotter, darauf Maingeröll (zum Teil mit großen Blöcken), darüber 15 bis 17 m Mosbacher Sand (feiner Sand mit rötlichen Streifen, in denen reiche Fauna in eigentümlicher Mischung von nördlichen und südlichen Formen (Ren und Mammut mit Nilpferd und Löwe), in den obersten Lagen wieder mit größeren Blöcken; darüber Löß, Terrassen.

Im Maingebiet gilt nach Kinkelin folgende Gliederung:

Alluvium: Aulehm, Torf usw., jüngste Terrasse.
Glazial (oberpleistocän): zweite Terrasse.
Interglazial (mittelpleistocän): Löß (Sandlöß), zu oberst auch Blöcke, Mosbacher Sande.
Glazial (unterpleistocän): tiefster Teil, Mainkies mit Blöcken, Taunusschotter.
Oberpliocän: Sand mit Braunkohlenflözen und Toneinlagerungen.

Nach Lepsius sind von Bedeutung die großen Erosionsschnitte, welche die Ablagerungen der drei Eiszeiten trennen (in Oberschwaben, am Ober- und Mittelrhein). Nach Ablagerung der Deckenschotter (erste Eiszeit) wurden tiefe und breite Täler erodiert, in welche sich die Moränen der Haupteiszeit absetzten. Nach Ablagerung der Hochterrasse (zweite Eiszeit) wurden wiederum in diese Hochterrasse bedeutende Täler eingeschnitten, in welchen nun die Moränen der jüngsten (dritten) Eiszeit und ihre fluviatilen Äquivalente, die Niederterrassenschotter, lagern.

Daher am Mittelrhein:

Erste Eiszeit: Die höchsten Geröllmassen (unteres Diluvium) auf den Plateaus in Rheinhessen (vielleicht auch die altdiluviale Fauna von Langen bei Darmstadt). Hierher auch die ältesten Diluvialschotter bei Aschaffenburg.

Zweite Eiszeit: Reste der Grundmoräne im Odenwald, bei Aschaffenburg und auf dem Taunus. Äquivalente sind die fluviatilen Sande und Gerölle der Oberrheinischen Tiefebene und Deltas (= Mosbacher Sande). Auf diese fluvioglazialen Sande bzw. Moränen folgen die Lößablagerungen und Flugsande.

Dritte Eiszeit: Scharfe Erosionsschnitte; nach Ablagerung der Lößformation in die entstandenen Täler wurden fluviatile Sande und Schotter der Niederterrasse eingeschwemmt. (Im Odenwald und Taunus keine Moränen dieser Zeit bekannt, weil diese Gebirge zu niedrig waren.)

In den Rheinlanden hat die Glazialperiode folgende Spuren hinterlassen.

1. Süßwasserfluten (vielleicht entsprechend der Cragzeit) bei Bonn usw., deren Richtung nordsüdlich oder westöstlich gewesen ist.

2. Die älteste Schicht der groben fluviatilen Plateaukiese mit Elephas meridionalis (welcher aber bisher noch nicht nachgewiesen ist) = Cromerstufe; vielleicht auch der Ton von Belfeld (Dubois).

3. Das Maximum der alpinen Vergletscherung entspricht den ältesten Rheinabsätzen, der Hauptmasse der ersten fluviatilen Schotter auf der Hochebene und auch dem Maximum der Talbildung (und ältere Gehängeschotter).

4. Interglazial ist mannigfaltiger; hierzu die fluviatilen Schotter mit Elephas antiquus und die Mosbacher Sande.

Die vulkanischen Interglazialbildungen der Rheinlande sind nicht sicher in die vier Stufen des Interglazials einzugliedern.

5. Die letzte große Vergletscherung: a) fluviatile Schottermassen der Talböden und b) Löß (= Hochflutablagerungen der damaligen glazialen Schmelzwässer), und zwar α) mit Elephas primigenius, Terrassen, und bedeckt vom postglazialen Tallöß, β) Gehängelöß.

Anhangsweise mag noch erwähnt werden, daß auch die Ardennen wahrscheinlich Gletscher getragen haben, wenn auch ihre Spuren nur sehr gering sind; Ardennengeschiebe sind vermutlich früher weit nach Norden geführt worden und dann mit skandinavischen zusammen in das niederländische Diluvium verfrachtet.

Im Frankenwald und vogtländischen Bergland hat Dathe Gletschererscheinungen bekannt gemacht. Er fand bei Wurzbach, Saalburg u. a. O. Blocklehm mit gekritzten Geschieben.

Für das Erzgebirge sah man in einem Moränenvorkommen bei Schmiedeberg und in dem Zirkustal von Böhmisch-Wiesental Belege für eine Vergletscherung.

Aus dem Thüringer Wald beschrieb Bornemann aus der Gegend von Eisenach Verdrückungen von Schichten in ihrem Ausgehenden, die er dem Druck von Gletschern zuschreibt, welche sich von den Höhen des Thüringer Waldes bis in das Hörseltal ausgedehnt haben sollen.

Blanckenhorn verweist allerdings manche der als Moränen und glaziale Druckerscheinungen gedeuteten Vorkommnisse zu den pseudoglazialen Bildungen von Gehängeschutt, Rubble drift u. a., so die von Klemm mitgeteilten am Spessart, die Datheschen Beobachtungen im Frankenwald, die Bornemannschen von Eisenach.

Die behauptete ausgedehnte einstige Vergletscherung des Böhmerwaldes wurde auf Grund eingehender Besichtigung als Irrtum zurückgewiesen. Nur der Schwarze, Teufels- und Arbersee können als Karbildung betrachtet werden, indem an ihrem unteren Ende Trümmerwälle (zum Teil mit gekritzten Blöcken) vorkommen und zum Teil auch geschrammte Rundhöckerbildung beobachtet wurde.

Aus dem Harz wurde eine selbständige kleine Vergletscherung am Brocken nachgewiesen, die Kayser aus Steinwällen im

Odertal bewies, welche aus ungeschichteten Blöcken in lehmigem Sand bestehen und als Moränen gedeutet wurden, zumal auch gekritzte Blöcke darin liegen. Der Ursprung dieses „Odergletschers“ wird auf der etwa 750 m hoch liegenden Einsenkung zwischen Brocken und Bruchberg gesucht.

Riesengebirge.

Eine Darstellung der Riesengebirgsvergletscherung mit Karten verdanken wir Partsch (Forsch. z. d. Landes- u. Volkskunde VIII, 1894). Gletscherschrammen und Rundhöcker sind nach der Natur des Gesteins nicht zu erwarten. Neben Gehängeschutt finden sich aber typische Moränen. Von den drei Schneegruben gingen selbständige Eisströme aus, die sich in der Haupteiszeit zu einem einheitlichen Gletscher vereinigten, dessen unteres Ende in 1157 m Meereshöhe lag. In den meisten Tälern läßt sich ein unteres (äußeres) und ein oberes Moränengebiet erkennen, im Osten scheinen die Gletscher viel bedeutender entwickelt als im Westen. Die Zusammenstellung auf Seite 158 läßt beides gut erkennen.

Die Schneegrenze reichte zur Eiszeit bis etwa 1150 m Meereshöhe. Die Gletscher des Nordgehänges wurzelten in den bekannten „Gruben“ und hatten meist kein großes Firnfeld.

Zur Zeit der großen Ausdehnung der Gletscher waren im Riesengebirge 84,3 qkm von Eis und Firn bedeckt, davon

im Ostflügel 53,4 und auf dem schlesischen Abhang 25 Proz.
„ Westflügel 30,9 „ „ „ „ „ 31 „

Von großer Bedeutung sind die fluvioglazialen Ablagerungen.

Partsch glaubte im Riesengebirge zwei durch einen großen Gletscherrückgang getrennte Perioden nachweisen zu können; doch hat diese Annahme Widerspruch erfahren. Auch die Erklärung Berendts[1]) der zahlreichen sogenannten Opferkessel als Riesentöpfe (wie sie z. B. in dem sogenannten Gletschergarten auf dem Adlerfels in Schreiberhau gezeigt werden) fand wenig Anklang; damit muß auch die von Berendt angenommene große Ausdehnung der Riesengebirgsvergletscherung mehr eingeschränkt werden.

---

[1]) Berendt: Spuren einer Vergletscherung des Riesengebirges. Jahrb. d. preuß. geol. L.-A. 1892.

	Untere Moränen		Obere Moränen		Höchste Moränen	
	Höhe des Gletscher-endes	Länge des Gletschers	Höhe des Gletscher-endes	Länge des Gletschers	Höhe des Gletscher-endes	Länge des Gletschers
Östl. Gletschergebiet:						
Aupa-Gletscher	810 (756)	4000 (5000)	894	3000	923	2500
Zehgrund-Gletscher . . .	948	2900	—	—	—	—
Braunkessel-Gletscher . .	825	3400	—	—	—	—
Löwengrund-Gletscher . .	?	?	1107	2500	—	—
Gl. d. Langen Grundes . .	840	4000	970?	1900?	—	—
Weißwasser-Gletscher . .	900	5300	1150	3000	—	—
Gl. d. Großen Teiches . . .	870	3800	1070	1800	1202	400
Gl. d. Kleinen Teiches . .	(790)	(4500)	1128	1900	1180	600
Gl. d. Melzergrundes . . .	790?	2700?	960	1800	—	—
Westl. Gletschergebiet:						
Kesselbach-Gletscher . .	837	2500	—	—	—	—
Elbseifen-Gletscher . . .	900?	3200?	1020	2500	—	—
Gl. d. Schwarz. Schneegrube	900	2100	1090	900	—	—
Gl. d. Großen Schneegrube	960	2150	1155	1100	1240 u. 1280	900 u. 400
Gl. d. Kleinen Schneegrube	990	1700			—	—

IV. Eiszeitgletscher im übrigen Europa.

Auch in mehreren anderen Gebirgen Europas hat man Spuren einer diluvialen Vergletscherung gefunden, doch sind diese gegenüber der gewaltigen Ausdehnung in den Alpen nur von geringer Entwickelung. Noch am größten war sie in den Pyrenäen.

Über die Eiszeit in den Pyrenäen, deren Spuren bereits von Charpentier im Jahre 1841 nachgewiesen waren, verdanken wir eine Schilderung und Kartenübersicht A. Penck (Mitt. d. Ver. f. Erdkunde, Leipzig 1883). Penck wies auch nach, daß die Eisströme auf der Südseite des Gebirges erheblich kleiner waren als auf der Nordseite. Er beschrieb folgende Pyrenäengletscher:

	Höhe des Kammes m	Höhe des unteren Endes m	Länge des Gletschers km
Nordseite:			
Saisongletscher	1740	580	8
Aspegletscher	2014	410	25
Ossaugletseher	2321	350	40
Argelèsgletscher	2807	400	55
Auregletscher	2741	700	32
Garonnegletscher	2560	460	70
Salatgletscher	2506	420	36
Ariègegletscher	2645	400	62
Têtgletscher	—	1650	18
Canigougletscher	—	330	15
Südseite:			
Gallegogletscher	2478	800	45
Aragletscher	2745	850	40
Cincagletscher	2794	1000	45
Eseragletscher	2536	1000	20
Nogueragletscher	2535	2920	30
Andorragletscher	2685	1000	28
Carolgletscher	—	1350	18

Direkte Anhaltspunkte für eine mehrfache Vereisung fehlen. Dagegen fand Penck im Vorland ebenfalls wie bei den Alpen drei verschiedene Schottersysteme.

Die Seen verhalten sich hier anders als in den Alpen: Die großen Wasserbecken an den Ausgängen der Täler finden sich hier nicht; sie sind trocken gelegt durch Tieferlegung der Schwellen oder durch Zuschüttung. Dagegen zahlreiche kleine hoch gelegene Seen, ähnlich wie in der Tatra.

Typisch sind hier die Zirken, die fast allgemein entweder mit Moränenwällen ausgekleidet sind oder geschrammten Felsboden zeigen. Die Zirken sind alte Gletscherbetten, stellen die charakteristisch erweiterten Wurzelpunkte von Eisströmen dar.

Auf der Sierra Estrella in Portugal wies Delgado Gletscherspuren nach, weiter sind solche bekannt aus Spanien in der Sierra Nevada und in geringem Maße in der Sierra de Guadarrama und Sierra de Gredo.

In Frankreich war das Zentralplateau an einigen Stellen vergletschert. Italien zeigt uns Spuren auf dem Apennin (am Gran Sasso, M. Petrara u. a.). Auf Korsika finden sich in den höheren Regionen vom M. Rotondo Rundhöcker, Moränen und Gletschertäler, welche auf einstige Gehängegletscher hinweisen.

Karpathen.

Vgl. Partsch: Die Gletscher der Vorzeit in den Karpathen und den Mittelgebirgen Deutschlands. Breslau 1882).

Aus der Hohen Tatra, deren höchste Berge sich zu 2600 m erheben, kannte man schon längere Zeit Moränen. Auffällig sind die zahlreichen kleinen Seen, die zum Teil in wohlausgeprägten Zirkustälern liegen und von Endmoränen abgeschlossen sind. Der steile Südabfall bedingte nur kurze, wenn auch mächtige Gletscher; dieselben flossen am Fuße des Gebirges zu einem 4 km breiten Eissaum zusammen. Am Ausgange der Täler findet man Endmoränen, vor ihnen haben sich auf der Zipser Hochebene mächtige Schotter ausgebreitet. Die flacher geneigte Nordseite des Gebirges hatte weniger mächtige Gletscher, die nur in den Haupttälern bis zum Gebirgsrand reichten, ihre Endmoränen sind vielfach verwischt.

Aus zwei übereinander liegenden Moränen hat man auch für hier auf zwei durch eine Interglazialzeit getrennte Eiszeiten geschlossen.

In den übrigen Teilen der Karpathen haben sich nur bei den bedeutendsten Erhebungen Gletscher von bescheidenen Dimensionen entwickelt.

In den Liptauer Alpen finden sich nur in den obersten Gebieten kleine Teiche, aus den Ostkarpathen beschreibt Tietze Eiszeitspuren in der Czerna Hora (zirkusartige Talkessel, Blockwälle mit Spuren von Lehm, geschrammte Blöcke).

Endlich fand Lehmann in den Transsylvanischen Alpen Gletscherspuren.

Auf der Balkanhalbinsel glaubt man ebenfalls Gletscherspuren gefunden zu haben, die freilich von anderer Seite nicht als solche anerkannt werden.

Karte der Maximalvereisung Nordamerikas (nach Upham).

Katzer bestätigt die Forschungen von Cvijić und Penck und bringt Angaben über die Vergletscherung der bis 2112 m hohen Vratnica planina in Bosnien, wo eine sich eng an den Hauptkamm anschmiegende, nur schmale Vergletscherung von den Höhen von 1650 m an aufwärts und außerdem eine ältere ausgedehnte, bis auf etwa 1000 m herabreichende Vereisung durch Schottertransport und Drumlinlandschaft bewiesen sein soll; eigentliche Gletscherschliffe wurden nicht gefunden, auch sind gekritzte Geschiebe sehr selten, dagegen werden Karbildungen auf Eis zurückgeführt. Cvijić hatte im Rilogebirge und Schar Dagh Vergletscherungsspuren gefunden.

Der Kaukasus hatte (nach Abich und E. Favre) größere Schnee- und Eisfelder als gegenwärtig, und zwar zeigen End- und Grundmoränen, erratische Blöcke und geschrammte Felsflächen, daß die Ausdehnung der Gletscher (ähnlich wie noch heute) auf den nördlichen Abhängen größer war als auf den südlichen, so daß sie im Norden fast bis an den Fuß des Gebirges herabstiegen. Mächtige Moränen zeigen dort zum Teil eine Überlagerung durch andesitische Lavaströme.

V. Die Eiszeit Nordamerikas.

Fanden wir schon in Europa die Größe der eisbedeckten Gebiete von staunenswertem Umfange, so war dieselbe in Nordamerika noch viel bedeutender. Etwa 15, nach Penck 20 Mill. Quadratkilometer groß war die Fläche, welche hier unter dem Inlandeis begraben lag; bis über den 38. Grad hinaus, d. i. etwa in die Breite von Neapel dehnte sich die Eisdecke aus [1]). Siehe die Karte auf Taf. III. Die Fig. 17 auf S. 162 gibt eine Vorstellung von dem Umfange der amerikanischen und europäischen Vergletscherung.

Die Ablagerungen der amerikanischen Eiszeit oder „drift" sind dieselben wie in Europa, glaziale und fluvioglaziale, Geschiebemergel (till) mit den Geschieben, Kiese, Sande und Tone. Der

[1]) Karten der amerikanischen Vereisung: Upham, Monogr. U. St. Geol. Survey 25, pl. 16 (hier die verschiedenen Schrammenrichtungen gut dargestellt), ferner: Wright, Ice age Am., S. 163, 175, 392. Bonney: Ice-Work present and past, London 1896.

Fig. 17.

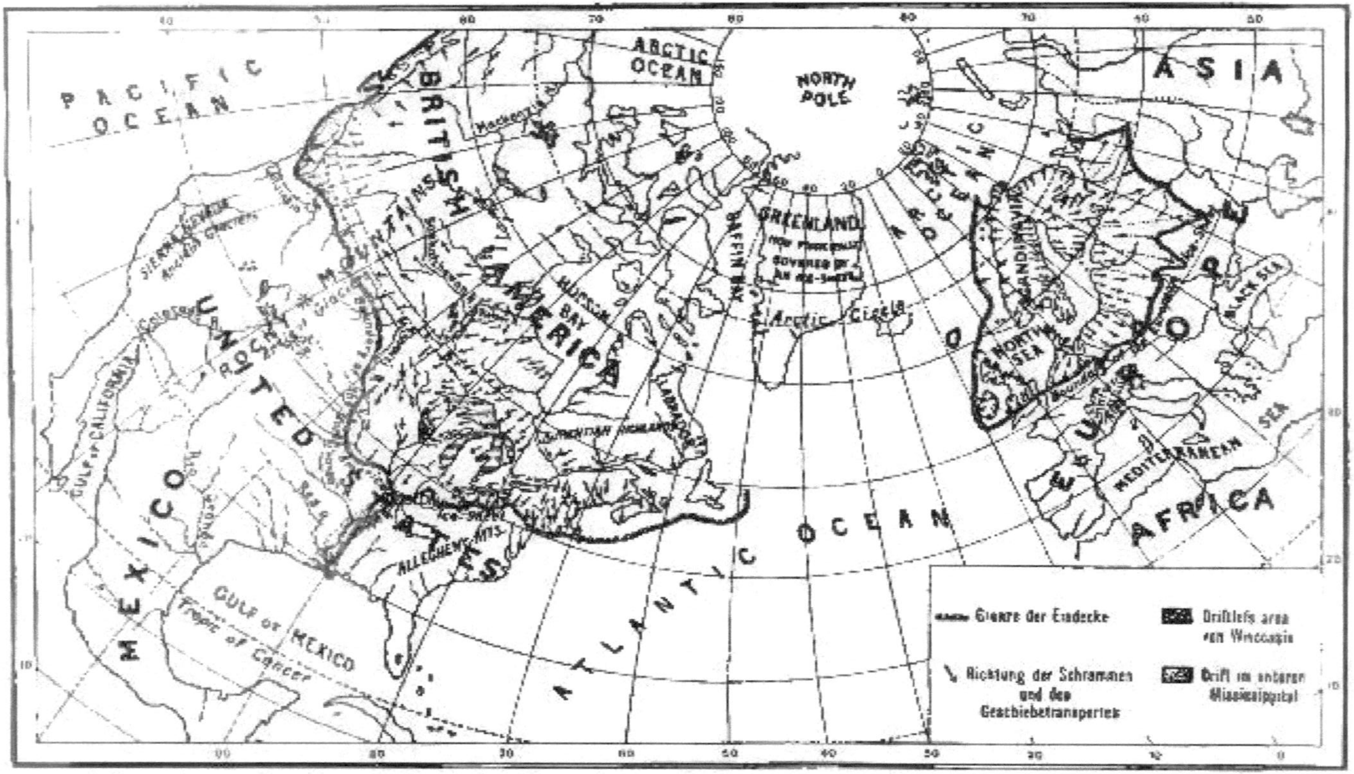

Karte der vergletscherten Gebiete Nordamerikas und Europas (aus Wright, Ice Age North America).

Till wurde bis zur äußersten Grenze der Ausbreitung der großen Inlandeisdecke abgesetzt.

Der Darstellung der nordamerikanischen Eiszeit ist das Buch von G. F. Wright, The Ice Age in North America, New York 1905, zugrunde gelegt; die übrige reiche Literatur ist so weit als möglich benutzt.

Auch für Nordamerika ist es zweifellos, daß zu Anfang der Eiszeit eine große Anzahl von Einzelgletschern existierte, die sich späterhin zu einem zusammenhängenden Inlandeis vereinigten, um am Ende sich wieder einzeln aufzulösen. Die selbständige Bewegung der einzelnen Teile der Eisdecke ist an dem Verlauf der Endmoränen zu erkennen, sowie in dem merkwürdigen Vorhandensein der sogenannten driftless area, ein mehrere hundert Quadratmeilen (engl.) großes Gebiet im südwestlichen Wisconsin, Illinois, Iowa und Minnesota, welches niemals von dem Landeis bedeckt war (s. unten), und hinter welchem sich trotzdem die Eisströme wieder zusammenschlossen, um noch über 300 Meilen weit sich zu erstrecken. Fig. 18 gibt eine Vorstellung davon, wie die Einzelgletscher jenes eisfreie Gebiet umschlossen.

Die äußerste Grenze der Vereisung ist nicht durch die bekannten Endmoränen angegeben, sondern dieselben liegen etwas weiter nördlich zurück.

Von der Küste von Maine reichte das Eis zur Zeit seiner größten Ausbreitung in den Atlantischen Ozean hinaus, seine Endmoränen liegen tief am Meeresboden. Dagegen treten dieselben im südöstlichen Massachusets hervor [1]) und bilden die Inseln Nantucket, Marthas Vinegard, Block Island u. a.; auch Cape Cod ist der Rest einer großen Moräne, und zwar einer weiter nördlich zurückliegenden parallelen: beide lassen sich nach SW über Long Island bis Brooklyn verfolgen. Von hier verläuft die Grenze der Moränenlandschaft sehr scharf markiert durch New Jersey und bildet den nach Süden gerichteten Bogen einer Endmoräne, die aus unzähligen Hügeln, Kuppen und Kesseln besteht. An den nach Süden vorgeschobenen Bogen schließt sich dann eine einfachere nach NW gerichtete Grenze an, welche nördlich von Easton den Delaware überschreitet und bis Salamanca im südlichen New York streicht, um da wieder nach SW umzulenken und über Franklin, Pennsylyania, bis nördlich von Beaver am Knie des Ohio mehr nach West abzubiegen; bei Millersburg in Ohio erfolgt eine stark südliche Ablenkung, es beginnt der weit nach Süden vorgeschobene Bogen von Ohio, der von Cincinnati an einige Knie des Ohio abschneidet und zwischen Madison

---

[1]) Die 360 Seen der Umgebung von Plymouth sind „kettle holes“ der Moränenlandschaft.

und Louisville seinen südlichsten Zipfel hat; hier biegt er in Indiana wieder scharf nach NW ab bis südlich von Indianopolis, um nun einen neuen nach SW streichenden Bogenteil nach New Harmony am Wabash zu bilden und endlich etwa 50 Meilen nördlich von Cairo in

Fig. 18.

Gletscherenden zur Wisconsin-Epoche in der Umgebung der driftless area (aus Geol. of Wisc. I).

Illinois in 38° n. Br. seine südlichste Ausdehnung zu erfahren. Von da an schwenkt der Rand nach NW parallel dem linken Mississippiufer, den Strom südlich von St. Louis überschreitend und dann rechts vom Missouri, von Kansas über Topeka durch Nebraska und Dakota bis zur Mündung des Niobrara in den Missouri und weiter über den Moreau bis zur North Pacific-Bahn bei Sims Station, westlich von Bismarck; die Linie wendet sich alsdann nach West, bei Glendive in Montana den Yellowstone überschreitend. Nach Chamberlin geht die Grenze im westlichen Montana nördlich der Judith-Berge weiter, überschreitet zweimal in Biegungen den Missouri, um dann mit nördlichem Verlauf nach Britisch-Amerika östlich der Rocky Mountains einzutreten.

Das Felsengebirge hatte ebenfalls große Gletscher, doch kam es hier nicht zu einer allgemeinen Vereisung, die Gletscher strahlten allseitig durch die Täler aus; so war z. B. das obere Tal des Yellowstone in dem berühmten Park bis zu einer Tiefe von 1600 Fuß vergletschert.

Die Gletscher der Sierra Nevada und des Kaskaden-Gebirges waren in größerem Maße entwickelt als die der Felsengebirge, aber nur in Washington standen sie in direktem Zusammenhang mit dem großen nördlichen Eise.

Die alten Gletscher der Sierra Nevada waren besonders auf den westlichen Abhang beschränkt, wo auch heute noch Gletscher existieren [1]).

Ob sich die riesigen Eisfelder des nördlichen Amerika vereinigten oder getrennt blieben, darüber sind die Ansichten verschieden; Dawson meint, daß das westliche, sogenannte laurentische, welches bis zu der oben genannten südlichen Ausdehnung in den Vereinigten Staaten reichte, getrennt blieb von dem westlichen, sogenannten Kordillereneis, welches, 400 Meilen breit und 1000 Meilen lang, die Eismassen lieferte, die zum pazifischen Ozean durch die Fjorde vom südöstlichen Alaska und Britisch-Columbia gingen; Upham dagegen glaubt, daß beide in der Gegend des Peace River sich vereinigten. Ob die verschiedenen Eismassen ihre Maximalausdehnung gleichzeitig hatten, ist sehr fraglich.

Das Vorkommen von Blöcken aus dem Laurentischen Plateau zusammen mit Material aus den Rocky Mountains im Missouri-Hügelgebiet von Britisch-Amerika spricht dafür, daß das Eis

---

[1]) Davis betont die Gletscherosion; er fand in der Sawatch Range typische U-förmige Täler, mit 300 Fuß höheren Seitentälern, von Hängetalgletschern gebildet; ferner Zirkusformen, welche z. B. dem Mt. La Plata seine scharfe Hörnerform geben, während sie entfernter gelegenen anderen Bergen des Park Range noch die Domform gelassen haben.

noch westlich von den Endmoränen reichte. Die äußersten Eiszungen in Britisch-Columbia reichten nach Dawson wohl bis zum Puget Sound [1]).

Nach Dawson fand in den nördlichen Teilen des Landes eine nach Norden gerichtete Eisbewegung statt; dies erweisen die Geschiebe: die Eskimos auf der Prince of Wales-Insel sammeln z. B. Kupferstücke, welche aus der Gegend des Coppermine River stammen.

Die von Chalmers mitgeteilten Beobachtungen im östlichen Kanada entsprechen der Zeit des Zurückgehens der Eisdecke: die Schrammen entsprechen lokalen Gletschern und an der Küste der Wirkung von Eisbergen, wo die Bewegung mehr und mehr durch die lokale Topographie beeinflußt wurde (im St. Lorenztal bis zur Höhe von 350′, in der Bai des chaleurs bis 200′ Höhe).

Einige Beobachtungen über die Mächtigkeit des Eises ergeben folgendes:

Da die höchsten Punkte an der Küste von Maine noch Gletscherspuren tragen, ergibt sich, daß hier das Eis über 450 m mächtig gewesen sein mußte, die 900 bis 1500 m hohen Grünen Berge passierte das Eis ebenfalls; über dem Mt. Desert müßte danach noch 225 m dickes Eis gewesen sein. Im nordöstlichen Pennsylvanien hat das Eis die 2220′ über dem Meere ragenden Höhen nicht überschritten, aber auf dem Elk Mt. in Susquehanna finden sich Spuren bei 2700′ über dem Meere. Dana schätzte die Dicke des Eises bei New Haven auf etwa 600 m.

Auch im britischen Nordamerika zwischen Hudson Bay und Rocky Mountains finden sich Blöcke des Laurentischen Gebietes auf 700 Meilen weit transportiert und an den Abhängen der Rocky Mountains in etwa 1200 m Höhe (sonach müßte das Eis über der Laurentischen Achse 750 m mächtig gewesen sein).

Dieselbe Annahme ergibt sich aus der Betrachtung der Entfernungen, welche Geschiebe passiert haben; über dem südlichen Ontario und Michigan, dem nördlichen Illinois und Iowa mußte das Eis Tausende von Fuß mächtig gewesen sein, um noch südwärts bis in die Gegend von Cincinnati, Louisville oder St. Louis geschoben werden zu können.

Die Ernährung der großen nordamerikanischen Eisdecke war nach Upham nicht auf die nördlichen Teile beschränkt, sondern das gesamte Gebiet erhielt auch durch Schneestürme Zufuhr.

---

[1]) Die Küsten und Inseln des Puget-Sundes entsprechen durchaus einer großen Endmoräne, bis 200′ hohe Wände bestehen aus geschichtetem und ungeschichtetem Material typischer Endmoräne; die Felsen bei Viktoria, auf Vancouver Island und den übrigen Inseln zeigen schöne Glazialschrammung, Rundhöcker und Blockbedeckung.

Die Inseln längs der weiteren Küste bis Alaska lassen alle mehr oder weniger gut die einstige größere Gletscherbedeckung erkennen.

Teils an den Grenzen der weitesten Eisverbreitung (so von der atlantischen Küste bis durch Pennsylvanien und wieder im NW), teils erst weit nördlich davon (z. B. in Illinois und Iowa—Missouri) finden sich ausgeprägte Endmoränen. Solche sind wohl nur besonders da abgelagert, wo das Eis längere Zeit stationär war, während in den Gegenden, wo das Eis gleichmäßig vor- und wieder zurückging, seine Ablagerungen über einen breiten Gürtel verteilt wurden.

Die „Kesselmoränen“ Wisconsins werden von einigen (z. B. Chamberlin) als die Enden einer zweiten Vergletscherung angesehen, über welche diese zweite Eiszeitablagerung nicht hinausging (Rückzugsmoräne), von anderen als Rückzugsetappen einer einzigen großen Eiszeit.

Die Endmoränen bilden eine scharf ausgeprägte Landschaft (s. Fig. 19); bis zu 45 bis 90 m aufsteigende, mit gewaltigen, aus nördlichen Gegenden stammenden Blöcken bedeckte Hügel, zwischen denen kleine Seen und Kessel. Zur Erklärung dieser „kettle holes“ nimmt man an, daß große Eisblöcke in dem glazialen Detritus eingebettet wurden, durch deren späteres Wegschmelzen Nachstürze des Bodens erfolgten[1]). Auf der Insel Naushon und angrenzenden Teilen von Maine finden sich auf einem 20 km langen und 0,8 bis 5 km breiten Moränengebiet über 1000 solcher Kessel. Ihre Anhäufung kann geradezu als Wegweiser bei Aufsuchung der Endmoränenbogen benutzt werden.

In großen Bogen umsäumen in weiter Entfernung die Endmoränen des weiteren den Erie-, Michigan- und Oberen See, um alsdann in dicht gedrängter Aufeinanderfolge östlich der Rocky Mountains weitere spitz nach Süden reichende Bogen zu bilden, dem Südrande des einstigen riesigen Agassiz Sees entsprechend[2]). Oft liegen mehrere Moränenbogen hintereinander. Auch in den White Mountains finden sich Lokalmoränen in den Tälern.

Als ein interessantes Vorkommnis seien Diamanten erwähnt, welche in der „Kettle-Moräne“ Wisconsins gefunden wurden; sie stammen vermutlich aus der Gegend der östlichen Hudsonbai.

---

[1]) Dana erklärt allerdings richtig manche Kettle holes auch als Ausstrudelungsformen des Bodens.

[2]) Chamberlin: Prelim. Paper on the Terminal Moraine of the second Glacial Epoch; 3. Annual Report U. S. Geol. Survey 1883.

Fig. 19.

Ansicht der „kettle-Moräne" bei Eagle, Wisconsin (aus Wright, Ice Age North America).

Wenn man auch nur eine durchschnittliche Mächtigkeit von 15 bis 20 m für die glazialen Ablagerungen annimmt, so ergibt dies doch auf die kolossalen Flächenräume verteilt eine staunenswerte Masse, die uns zeigt, daß die Gletscher und ihre Schmelzwässer eine enorme Transport- und Erosionsfähigkeit besessen haben. Die Mächtigkeit der glazialen Ablagerungen gibt uns einen Maßstab für die Größe der glazialen Erosion: südlich des kanadischen Hochlandes erstreckt sich ein 100 000 Quadratmeilen großes Areal, dessen glazialer Schutt nach Newberry mindestens 10 m dick ist, in Ohio schätzt man die Mächtigkeit auf etwa 17 m oder mehr, in Minnesota auf 30 bis 60 m; Shaler schätzt die Masse der in Neuengland abgelagerten Drift (inkl. Endmoränen) auf 750 Kubikmeilen. Begünstigt wurde natürlich die Transportfähigkeit durch die frühere präglaziale Verwitterung des Bodens.

Außer Wassererosion muß man auch eine Gletschererosion zugeben, wenn auch in beschränkterem Umfange, als manche annehmen. Gletscherschrammen, Rundhöcker, die Talumformung zu der bekannten U-form sind Anzeichen dafür. Das Gletschereis wirkte nicht wie ein Pflug, sondern eher wie eine Egge, pressend, nur zum Teil auch schiebend und stauchend und wegfegend. Wie gering häufig die Gletschererosion sein mußte, ergibt sich aus der Tatsache, daß man oft beobachten kann, daß der Gletscher über seine Grundmoräne auf weite Strecken hinweggegangen ist, ohne sie zu stören; im Wege liegende Steine haben vielmehr auf der Unterseite des Gletschers Schrammen im Eise hervorgebracht.

Auf der Oberfläche transportierte Riesenblöcke sind oft meilenweit verfrachtet (s. Fig. 20). Der größte bekannte Block ist der Mohegan Rock in Montville, Conn., dessen Gewicht auf 10 000 t geschätzt wird; ein anderer in Madison, N. H., hat 6000 t, der von Freeport noch mehr.

Die Bewegungsrichtung und somit der Transport war immer rechtwinklig auf die Eisgrenze, im britischen Amerika allseitig von der Laurentischen Achse, zum Teil also auch nach Norden.

Zuweilen bemerkt man, daß die Blöcke auf ihrem langen Wege aus tieferen Lagen in höhere transportiert sind; bis zu 900 m beträgt zuweilen der Niveauunterschied. Es läßt sich dies erklären durch die größere Geschwindigkeit der Bewegung des

Eises in den oberen gegen die der unteren Lagen des Gletschers; dadurch kann auch das Material vom Boden allmählich nach der Oberfläche gebracht werden. (Daß in Grönland dies nicht beobachtet ist, hat wohl seinen Grund darin, daß dort infolge der langen Gletschertätigkeit jetzt eben kein loses Material mehr am Grunde des Eises liegt.)

Schrammen auf der Felsoberfläche sind eine weit verbreitete Erscheinung (Fig. 21).

Charakteristisch sind die Zirkustäler, deren ursprüngliche Bildung wohl auf den Frost zurückzuführen ist, sie finden sich

Fig. 20.

Großer erratischer Block in Gilsum, N. H. (aus Wright, Ice Age).

ungemein häufig in den früher vereisten Gebirgen, meist sind sie nach Norden zu offen.

In manchen Gegenden sind in der Grundmoränenlandschaft die Drumlins („lenticular hills") in großer Fülle und ausgezeichneter Beschaffenheit entwickelt, so z. B. in Wisconsin und der Umgebung von Boston (s. Fig. 22); sie geben der Landschaft ihr eigentümliches Gepräge; es sind Hügel von einigen hundert Fuß bis eine Meile Länge, meist $^1/_2$ oder $^1/_3$ so breit wie lang, 7,5 bis 60 m hoch, einer elliptischen Linse ähnlich. Ihr Material ist ungeschichtet, fest gepackt, mit geschrammten Steinen; ihre Lage bezüglich der Meereshöhe schwankt in großen Grenzen. Oft sind sie an den Flanken bedeckt von sedimentiertem Material, welches zu den jüngeren Kames hinführt.

Sie sind unter dem Eise gebildet, dort, wo mehr Material herbeigeführt wurde, als weggeführt werden konnte, ähnlich wie längliche Sandbänke unter dem Wasser eines Stromes, daher ihre Achsenerstreckung in der Bewegungsrichtung des Eises.

Präglaziale und glaziale Entwässerung: Schon vor der Eisinvasion war Nordamerika durch präglaziale Ströme modelliert. Da seit dem Abschmelzen des Eises verhältnismäßig erst kurze Zeit verstrichen ist, mußte der Betrag der präglazialen Erosion

Fig. 21.

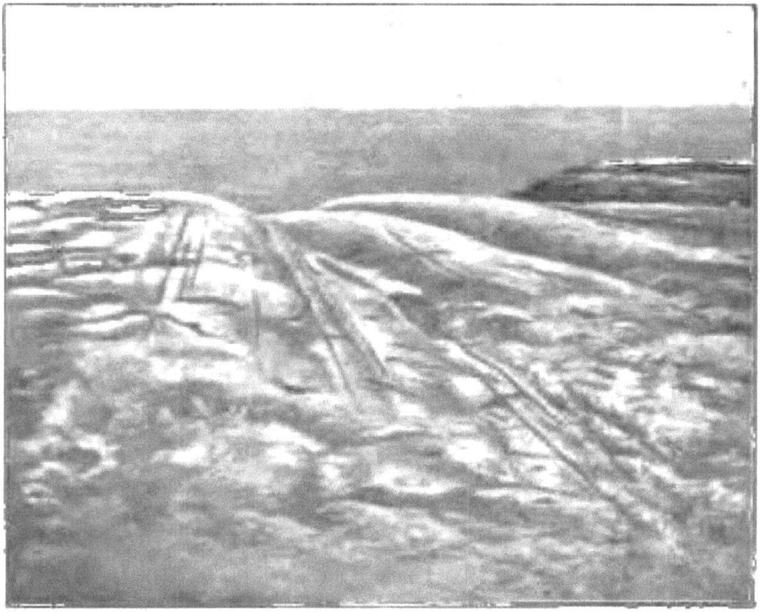

Gletscherschrammen auf Süd Bass Island am Eriesee (nach Wright).

auch bedeutend stärker sein, als derjenige der Postglazialzeit. Außerhalb der Vereisungsgrenze sind daher die Täler viel tiefer erodiert; so ist z. B. die postglaziale Niagaraschlucht nur 7 Meilen lang, während die Ohioschlucht weiter und tiefer und auch über 1000 Meilen lang ist. Auch an den mächtigen Ausfüllungen des Mississippi- und des Ohio-Tales kann man die Größe dieser Erosion ermessen; Hunderte von Fuß mächtig sind die durch Bohrungen nachgewiesenen Ausfüllungen alter Täler; viele Flüsse nahmen damals tiefere Täler ein als jetzt. Durch Ausfüllung derselben wurden sie zunächst zu Seen und es entwickelten sich Wasserfälle.

Alle nach Norden fließenden Ströme mußten beim Herannahen des Eises ebenso wie bei seinem Zurückweichen durch das Inlandeis gedämmt werden: dafür eine Menge Beispiele. Alle nach Süden entwässernden Ströme mußten außer der jährlichen Niederschlagsmenge auch die Unmengen Wasser befördern, die

Fig. 22.

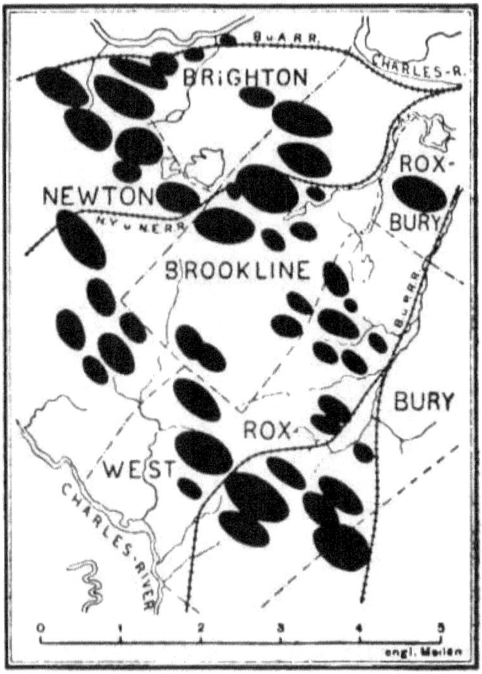

Drumlins in der Umgebung Bostons (nach Davis).

durch das Eis geliefert wurden; so nahm der Mississippi alle Wasser auf, die ehedem zum St. Lorenz und in die Hudsonbai flossen, und führte sie zum Golf von Mexiko, der Eriesee entleerte seine Wasser durch den Wabashfluß, der Obere und Michigan-See nach dem Illinois, die großen Flüsse von Manitoba und Britisch-Columbia hatten ihren Ausfluß durch den Traverse See und Big Stone Lake zum Minnesota und weiter zum unteren Mississippi.

Der Mississippi war der breite und tiefe, von mächtigen Alluvionen erfüllte Abflußkanal fast für ganz Nordamerika.

Die in der ehedem vereisten Region der mittleren und westlichen Staaten weit verbreiteten Terrassen sind die direkten Ergebnisse dieser glazialen Fluten, sie stellen die Hochwassermarken dieser Ströme dar.

Dieser Eisaufdämmung der Gewässer verdanken die amerikanischen Wasserfälle, die Seen und die Küstenlinien einstiger Seen ihren Ursprung.

Die berühmten großen Seen Amerikas stammen von alten Erosionstälern, denn ihr Boden liegt zumeist (außer dem Erie) unter dem heutigen Meeresspiegel: nach Newberry lag die Gegend südlich der Hudsonbai vor der Eiszeit bedeutend höher als jetzt, und tiefe Erosionstäler waren da, wo die heutigen Seen liegen; beim Heranrücken des Eises nahm dasselbe diese Täler ein, vertiefte und erweiterte sie. (Man könnte die hinter den großen Endmoränenbogen liegenden Seen mit den Zungenbecken der voralpinen Gletscher vergleichen.)

Mit dem Schmelzen des Eises war ein Sinken des Landes verbunden; der Atlantic reichte in den St. Lorenz bis Kingston, in den Ottawa bis Arnprior, die Täler des Hudson und Lorenz waren mit dem Champlainsee in Verbindung.

Durch Abschneiden eines Flusses durch eine Eisbarriere konnten riesige eisgedämmte Seen entstehen. In großem Umfange sind solche hier nachgewiesen; durch Aufdämmung des Ohio mit einem 568′ hohen Eiswall bei Cincinnati entstand der kolossale, etwa 1000 Meilen lange Ohiosee, dessen Spiegel 300 m über das Meer reichte und der durch Stauung des Ohio und seiner Nebenflüsse entstand.

Prof. Claypole hat die Geschichte dieses Stausees (s. Fig. 23) verfolgt; er zeigte, wie sich bei dem weiteren Rückzug des Eises zunächst eine ganze Reihe kleiner Seen bildete (ähnlich wie die „Fingerlakes“ in New York), und in einem dritten Rückzugsstadium wieder der gewaltige Lake Erie—Ontario; dieser floß schließlich durch den Lorenzstrom ab, seine Reste sind die heutigen Seen Erie und Ontario, deren Umgebung steppenartige Niederungen sind.

Während der Rückzugsperiode, der sogenannten Camplainperiode, bildeten sich im St. Lawrence-Becken nacheinander acht große Glazialseen: der Western Superior, Western Erie,

Fig. 23.

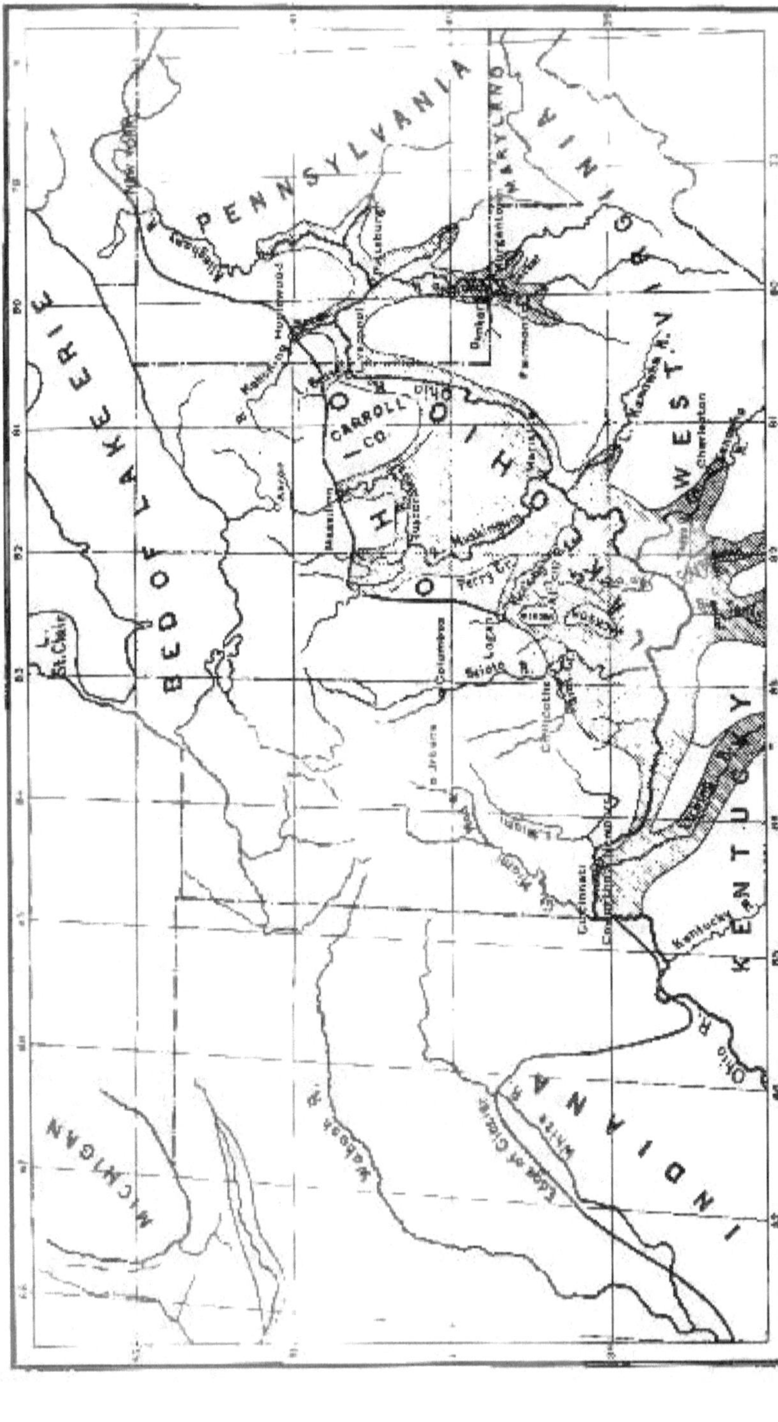

Karte des Lake Ohio während der Maximalausbreitung des Eises (nach Claypole).

Warren, Algonquin, Lundy, Iroquois, Hudson-Champlain und St. Lawrence.

Der riesigste solcher Seen war der sogenannte Agassiz-See[1]) (in Minnesota und Manitoba). Seine Sedimente sind in Bohrungen über 60 m ermittelt, seine Oberfläche betrug über 100 000 Quadratmeilen (größer als alle die großen Seen zusammen), nach Upham 100 bis 200 Meilen breit, größte Länge 600 Meilen; seine Bildung hat nach Uphams Berechnung nur 1000 Jahre beansprucht. Der Lake Agassiz war durch den Damm des zurückweichenden Eises gebildet in dem Tale des Red River of the North und im Lake Winnipeg.

Viele andere derartige Beispiele sind neuerdings beschrieben: so stammen z. B. nach Goldthwait die Sandebenen bei Sudbury westlich Boston von postglazialen zeitweiligen Stauseen (ice front lakes), in deren Rückzugsstadien Deltas gebildet wurden. Während oder nach Bildung dieser Deltas erfolgte eine Neigung nach Süden.

Man hatte wohl auch gemeint, daß neben der Aufdämmung der Hudsonbai die Massenanziehung der gewaltigen Eisdecke den Wasserspiegel des Sees erhöht habe, und glaubte dies dadurch beweisen zu können, daß die Uferlinien nicht horizontal verlaufen, sondern ein Ansteigen nach Norden zeigen; der Betrag würde aber nicht ausreichen, und so meinte man, daß eine Senkung im Norden durch den Druck der mächtigen Eisauflagerung erfolgt sei. Nach Chalmers sind die Küstenlinien der großen Seen nicht auf Eisdämmung, sondern auf tektonische Bewegungen zurückzuführen.

Åsar: Als weitere Anzeichen der glazialen Entwässerung sind die Åsar (Esker, Kames) zu betrachten, die teilweise in großer Häufigkeit vorkommen, unabhängig vom heutigen Flußsystem, sowie von den heutigen Höhenverhältnissen. Neuengland ist berippt von einem System solcher Kieshügel (s. Fig. 24). An ihrem äußeren Ende entwickeln sich vielfach weite Deltas und Sandebenen. Ihre Richtung stimmt mit der letzten Bewegungsrichtung des Inlandeises überein, steht also senkrecht auf dem Eisrande. Man sieht die Åsar meist als subglaziale Bildungen an, Crosby hält sie dagegen für supraglaziale Bildungen.

Außerhalb der eigentlichen Eisdecke (icesheet) bildeten sich zwei riesenhafte Seen, der insel- und halbinselreiche Lake

---

[1]) Upham: The glacial Lake Agassiz. Monographs U. S. Geol. Surv. 25 (1895). Karte Pl. 2, 3. Tyrrell, Journ. Geol. 1896; siehe unsere Taf. III.

Bonneville und Lake Lahontan[1]**) zwischen Sierra Nevada und Felsengebirge, nahe dem 40. Parallel.**

Fig. 24.

Die kames in Maine und SO-New Hampshire (aus Wright, Ice Age).

[1]) Gilbert: Lake Bonneville. Monographs U. S. Geol. Survey I, 1890. Derselbe: Contrib. to the Hist. of Lake Bonneville; 2. Ann. Rep. U. S. Geol. Survey, 1882, p. 169. Russell: Geol. Hist. of Lake Lahontan, a quatern. lake of nw. Nevada (Monogr. U. S. Geol.

Von ihnen sind der Pyramid- und North Carsonsee, sowie der Große Salzsee nur kümmerliche kleine Überreste; der Große Salzsee hatte 400 mal soviel Wasser als jetzt, am Lake Mono findet man Terrassen, deren oberste 180 bis 210 m über dem heutigen Spiegel liegen, am Salzsee 270 m. Der Lake Bonneville hatte nach Gilbert eine Größe von 19750 Quadratmeilen, war also zehnmal so groß als der heutige Salzsee, mit einer Maximaltiefe von 330 m. Schon in der älteren Posttertiärzeit war ein Steigen des Sees erfolgt, beim zweiten Steigen bildete sich 180 m über dem heutigen Seespiegel die sogenannte Provostküstenlinie. Während dieser Zeit reichten Moränen von drei Gletschern der Wasatchberge und von vier aus der Sierra Nevada bis an die Uferlinien des Bonnevillesees.

Die Nähe der Gletschergebiete und vermehrte Niederschläge waren die Ursache zur Bildung dieser enormen Seen. Nun zeigen diese Seen durch scharf ausgeprägte Terrassen (Fig. 25) zwei Perioden des Wachstums, die getrennt sind durch eine Trockenperiode; während des ersten Steigens bildeten sich Sedimente von 90 m Mächtigkeit, in der folgenden Trockenperiode war das Niveau mindestens bis auf das heutige reduziert, die Sedimente wurden erodiert und zum Teil mit Kies und kompaktem Kalktuff bedeckt; das zweite Steigen übertraf den ersten Spiegel um 18 m, während dieser Zeit wurde Thinolith abgesetzt, darauf erfolgte die Verdampfung und die Becken wurden ganz trocken, bis (vor etwa 300 Jahren) sie sich nochmals auf den heutigen Stand füllten. Die Kliffe sind noch absolut frisch erhalten, alles macht den Eindruck, daß die Bildung sich innerhalb kurzer Zeit, einiger tausend Jahre, vollzogen hat und daß man daher von einem langen Interglazialzeitraum absehen kann. (Gilbert zeigte, daß im Gebiete des L. B. vulkanische Tätigkeit und Krustenbewegungen noch in der Bonnevillezeit, vielleicht auch bis heute andauernd vorkamen, z. B. die Wasatchberge von Utah sich heben.)

Südlich vom Lake Lahontan befanden sich einige kleinere Seen, unter welchen der Lake Mono spezieller von Russell bearbeitet ist (8. Ann. Report. 1889), das Bild seiner größten Ausdehnung mit den an ihn herantretenden Gletschern der Quartärzeit hat Russell sehr anschaulich l. c. Taf. 29 gegeben.

Löß, Bluffformation:

Der Löß besitzt in Amerika eine große Verbreitung; hauptsächlich ist er an Flußtäler gebunden. Die größte Mächtigkeit

---

Survey 11, 1885). S. auch die Karte Taf. 6 in King: U. S. Geol. Explor. 40. Parallel 1, 1878.

Fig. 25.

Terrassen des diluvialen Bonneville-Sees (nach Gilbert).

und Verbreitung hat er im Bassin des Minnesota, vom südlichen Dakota bis zur Mündung in den Mississippi, er bedeckt weite Strecken längs des Mississippi, ferner auf dem vom Nebraska River durchflossenen Gebiete. Seine Höhenlage ist verschieden, so ist er im unteren Mississippital auf die Höhe von 250′ beschränkt, im oberen dagegen steigt er bis 700′ über das Flußbett.

Chamberlin und Salisbury zeigten, daß der Löß im Mississippibassin, je weiter entfernt von den Tälern und von der Vereisungsgrenze, desto weniger mächtig und immer kalkärmer wird. Er geht unmittelbar aus dem Geschiebemergel hervor und wird als Absatz aus Wasser angesehen. Er tritt häufig in zwei getrennten Ablagerungen auf. Seine Auflagerung auf dem an nördlichem Material freien, daher präglazialen „Orangesand“ belehrt uns über sein Alter [1]). Der Löß wird von Upham als modifizierte Driftablagerung betrachtet, von den Schmelzwasserströmen in und über die eisfrei gewordenen Gegenden abgesetzt.

Quartäre Niveauschwankungen sind auch in Nordamerika bekannt, und zwar waren sie ungleichmäßig, im Norden stärker als im Süden. Die kontinentale Hebung begann bereits im Pliocän, erreichte ihren Höhepunkt im älteren Quartär (vielleicht war sie mit Ursache der Kälte und Eisanhäufung infolge der Verschiebung der barometrischen Minima); die wachsende Eisbelastung wird von vielen als die Hauptursache der nun folgenden Senkung angesehen; diese Senkung brachte das Land zum Teil unter das heutige Niveau und es wurde so ein Zurückschmelzen der Eiszungen (mit verschiedenen Maßen) verursacht; diese Entfernung der Eislast war nun wieder Ursache zu einer neuen Hebung. Alle jene Wirkungen traten etwas später in die Erscheinung als ihre Ursachen. Nach einigen Geologen dauert die Hebung in den nördlichen Teilen noch fort (nach Spencer würde sie in absehbarer Zeit zur Austrocknung des Niagara führen).

Wir dürfen also als sicher folgenden Gang annehmen:

Präglaziale Erhebung des Mississippitales, Neuenglands und des kanadischen Hochlandes um einige 100 Fuß.

Senkung während der Maximalausdehnung des Eises, im Mississippigebiet etwa 100 m unter den heutigen Seespiegel, an der atlantischen

[1]) Orangesand, die sogenannte Lafayetteformation, nimmt den breiten unteren Teil des Mississippitales von der Eisgrenze bis Louisiana, ein, nach Upham unmittelbar vor Beginn der Eiszeit abgesetzt.

Küste bei Philadelphia 45 m, bei Montreal 160 m, in den arktischen Gegenden um 300 m.

Vor Schluß der Vereisung nochmals eine Hebung in der Gegend des Lake Superior; die Senkung des St. Lorenztales dauerte fast bis zu Ende der Eiszeit.

Die obengenannten Rückzugsstauseen können bei der eingetretenen Senkung zum Teil mit dem Atlantic derart in Verbindung getreten sein, daß eine Einwanderung mariner Fauna möglich war, auch ohne daß man anzunehmen braucht, sie hätten in jener Zeit direkt eine Meeresbucht dargestellt, von welcher die heutigen großen Seen Relikte seien. (Erstere Auffassung hat Upham, nach dem das Meer nur bis gegen Montreal gedrungen ist, letztere vertritt Taylor.)

Gliederung des amerikanischen Quartärs.

Während ein Teil der amerikanischen Geologen, z. B. Wright, die Eiszeit als eine einheitliche Erscheinung ansieht, die nur von Oszillationen unterbrochen war, nehmen andere eine Zwei- oder Dreiteilung an, d. h. zwei oder drei Eiszeiten, zwischen welchen lange Zeiten milden Klimas herrschten, in denen das Eis sich mindestens bis auf die heutigen Bezirke der laurentischen Höhen und Labradors zurückzog. Chamberlin bezeichnet seine drei Eiszeiten mit den Namen Kansas-, Iowa- und Wisconsinvereisung [1]), die beiden Interglazialzeiten Aftonian und Torontostufe. Die von Geikie unterschiedene Stufe des Scanian und Norfolkian findet sich in Amerika nicht; auch der Versuch Chamberlins, die amerikanischen Diluvialperioden in Einklang mit der Geikieschen Klassifikation zu bringen, hat etwas Gekünsteltes.

Norton gibt für Iowa folgende Gliederung von fünf Eiszeiten (von oben nach unten; Iowa Geol. Surv. 9, 471, 1899):

Vereisung (Glazial):	Abschmelzperiode (Interglazial):
9. Wisconsin.	8. Peorian.
7. Iowan.	6. Sangamon.
5. Illinoian.	4. Yarmouth.
3. Kansan.	2. Aftonian.
1. Prekansan.	

Eine Übersicht über die verschiedenen Vorkommnisse mit der Annahme von nur zwei Vereisungen gibt Upham in nebenstehender Tabelle.

Nach Chamberlin ist das älteste Glazial dadurch charakterisiert, daß es eine weite, aber gleichförmige Verbreitung hat, ohne

[1]) Journ. Geol. 3, 270, 1895.

...ch davon.	Kordillerenregion.
... erreicht ihr ...rs (vielleicht ...e- und Regen- ...s". Eisdecke ..., schließlich ...en Gebietes; ... verursachen	Letzte Hebung des Colorado-Canon-Distrikts (3000 Fuß). Sierra Nevada und andere Gebirge des Great Bassin gehoben. Flußläufe Kaliforniens verändert; menschliche Knochen und Werkzeuge in den alten Flußschottern, von Lava bedeckt. Eisdecke in Britisch-Columbia; lokale Gletscher im Süden.
...hr auf heu- ...lgte Hebung ... des Löß u. a. ... Epoche zum ...lehm, durch ...markiert.	Kontinentale Senkung. Arides Klima. Lange Denudation der Gebirge, mächtige subaërale „adobe"-Ablagerung. Dazwischen vulkanische Tätigkeit in verschiedenen Gegenden während des ganzen Quartärs.
... als in der ... so allgemein ... heute nach ... der äußeren ...n Rückzugs-	Wahrscheinlich Hebung um 3000 Fuß (unterseeische Täler bei Kap Mendocino). Zweite Eisdecke auf Britisch-Columbia und Vancouver Island; lokale Vergletscherung der Rocky Mountains, Cascade Range und Sierra Nevada bis 37° südl. Br. Erstes großes Steigen der L. Bonneville und Lahontan.
...zialer Drift. ... Ohio, Minne- ...tischen Seen. ... River-Bassin ...lem Eis. Aus- ...der heutigen ...0 bis 500 Fuß ...onbai.	Senkung wahrscheinlich auf das heutige Niveau. Wiedereintritt des trockenen Klimas; gänzliche oder fast gänzliche Austrocknung der L. Bonneville und Lahontan. Bildung der „adobe" sich fortsetzend.
...rn. Nördlich ...s, bevor das ...es schmolz; ...rt (7000 bis ...am Niagara-	Beträchtliche Hebung, mit Rückkehr feuchter Bedingungen, alpine Vergletscherung (dritte Eiszeit) und zweites Steigen des L. Bonneville und Lahontan. Sehr rezente Senkung und Übergang zur heutigen Trockenheit.

Endmoränenbildung, ohne erhebliche glaziale Erosion; die jüngere Vergletscherung aber arbeitete energischer, bildete mächtige Moränen, hatte kräftige Entwässerung vom Eisrande, die ihre Sedimente weit und mächtig ablagerte. (Vielleicht beruhte dieser Unterschied auf der verschiedenen Erhebung des Landes zu den verschiedenen Zeiten.)

Zwischen beiden Glazialbildungen finden sich an vielen Punkten pflanzliche Ablagerungen u. a. (manche gehören allerdings verschiedenen Horizonten an). Die Funde liegen meist in der Nähe der Eisgrenze.

In einer Flußterrasse in Ohio im Racoon Creek (nahe der Eisgrenze) fanden sich so massenhafte, recht frische Rotzederholzstämme, daß sie zu technischen Zwecken verwertet wurden. Andere Funde sind bequemer durch Interglazial zu erklären, z. B. im Tal des Lake Agassiz.

Auch die stärkere Verwitterung der Ablagerungen in den vor den Endmoränen gelegenen äußersten Partien wurde als Beweis einer zeitlichen Unterbrechung angesehen. Aber es scheint viel annehmbarer, daß der Rückzug von der äußersten Grenze der Vergletscherung bis zu der Endmoränenlinie der sogenannten zweiten Eiszeit analog war den Etappen der 12 oder 13 hintereinander liegenden konzentrischen Moränenlinien, die Upham in Minnesota beobachtet hat, als daß ein zweiter Gletschervorstoß beinahe den ersten wiederholt oder überholt hätte. Eine gewisse zeitliche Unterbrechung von 200 bis 300 Jahren zwischen Perioden des Rückweichens und Vordringens kann genügen, um Torflager in alten Depressionen zu bilden.

Hershey meint an verschiedenen Flußterrassen im nordwestlichen Kalifornien zwei durch ein Zwischenstadium getrennte Eiszeiten nachweisen zu können.

Auch die marinen Schichten, die hier und da eingeschaltet sind, werden mehrfach für Interglazialgliederung verwertet.

Die (letzte) Abschmelzperiode heißt die Champlainperiode (Dana., Am. Journ. 27, 1884); in ihr bildeten sich Sande, Kiese und Tone, sowie die Terrassenformation; ihr gehören die oben erwähnten Stauseen u. a. an.

Betreffs der Frage nach der Ursache der Eiszeit gehen natürlich auch in Amerika die Meinungen auseinander, die Mehrzahl der Geologen scheint aber die kosmische Theorie von Croll zu verwerfen.

Die präglaziale (pliocäne) Hebung und nachfolgende Senkung ist erwiesen; Hebung verursacht Glaziation, Senkung ist günstig für Abschmelzung. Der Isthmus von Panama war wahrscheinlich unter Wasser, dadurch wurde die warme Strömung in den Pazifischen Ozean abgeleitet, hier auf der Westseite von Amerika die Niederschläge über den vereisten Gebieten vermehrend.

Die südlichste Grenze der Ausdehnung des Eises folgt dem Mississippital, der äußerste Punkt hier hat eine Höhe von 150 m über dem Meeresspiegel. Die Ursache der Ausbuchtung des Eisrandes an der südlichen Grenze liegt wohl jedenfalls in den ungleichmäßigen Gebieten des exzessiven Schneefalles im Norden während der Glazialzeit; ein solches Gebiet lag in der Nachbarschaft des Lake Superior, ein zweites in der Nähe von Labrador. Außerdem war weiter nördlich der obere Teil der Baffinsbai von Gletschern erfüllt, die über Grönland hinzogen; dadurch konnte ein Widerstand gegen eine Bewegung nach Norden hervorgerufen werden, während eigentliches Grönlandeis Amerika wohl nicht erreicht hat.

Die scharf ausgeprägten Eiszungen, wie die von Ohio, Indiana u. a., lassen vermuten, daß auch noch Subzentra von Niederschlägen nicht weit vom Eisrande existierten, indem z. B. das mächtige Eis in der Lake Superior-Depression den Schneefall vermehrte.

Die driftless area ist auch heute ein Gebiet geringen Niederschlages.

Die Crollsche Theorie verlangt auch zu hohe Zeiträume für die Dauer des Glazials. Die vergletscherten Gebiete tragen ein viel jüngeres Gepräge als die nicht vereist gewesenen, die Wasserfälle sind jung, die Schluchten enger und weniger tief als in den nicht vereist gewesenen Gebieten, die Felsen weniger intensiv verwittert, die Seen und Kessel noch wenig von Sedimenten erfüllt; endlich ist auch die Tatsache, daß Fauna und Flora der Eiszeit (einschließlich Mensch) dieselbe wie die heutige ist, gegen eine zu lange Dauer der Zeiten anzuführen.

So ist z. B. das Alter des Niagarafalles bzw. der Niagaraschlucht zwischen Queenston und dem heutigen Fall früher übertrieben geschätzt worden; Desor nahm an, das Rückwärtsschreiten erfolge um 1 Fuß im Jahrhundert, und kam dabei zu dem Alter von 3 500 000 Jahren, Lyell kam nur auf den zehnten Teil dieser Zeit, 35 000, aber neuerlich hat sich ergeben, daß nur 7000 bis 10 000 Jahre dazu nötig waren; das gleiche ergaben Beobachtungen an den Fällen von St. Anthony bei Minneapolis.

Prestwich meint, die Zeit für Bildung und Dauer der großen amerikanischen und europäischen Eisbedeckung braucht nicht über 15 000 bis 20 000 Jahre gewährt zu haben, nicht, wie einige meinen, 160 000 oder noch mehr, für die postglaziale Zeit vielleicht 8000 bis 10 000.

Nach einigen Beobachtungen scheint es, als ob das Glazial der pazifischen Küste jünger ist als das der atlantischen; in der Sierra Nevada fand Becker Glacialia auf sehr jungvulkanischem Fels, das Yosemitetal ist präglazial, im oberen Teile des Cañons sind Gletscherschrammen an den Seitenwänden.

Tier- und Pflanzenwelt.

Die Tierwelt des amerikanischen Diluviums hat zum Teil Ähnlichkeit mit der europäischen, zum Teil sind es auch besondere Formen.

Unter den großen Landsäugern Nordamerikas spielt ein dem Elefanten verwandtes Tier, das Mastodon, eine große Rolle, während das Mammut nur auf die westlichen Teile beschränkt ist. Der Vorläufer unseres Pferdes, das tertiäre Hipparion, war nebst anderen Equusarten verbreitet, bekanntlich ist später das Pferd dort ausgestorben und erst später von den Europäern wieder eingeführt. Bison americanus, Moschusochse, Bär und einige Hirschformen vervollständigen die Fauna, nebst Waschbär, Tapir, Baumstachelschwein, zu der noch die aus Südamerika eingewanderten Edentaten (Megatherium) und das Wasserschwein traten.

Von großem Interesse ist der Einfluß der Vereisung auf die Verbreitung der Tier- und Pflanzenwelt. Nur kurz mag hier dies weite, vielbehandelte Kapitel gestreift sein.

Nach Asa Gray habe sich von der weiten um den Nordpol liegenden Landfläche die Tier- und Pflanzenwelt allseitig nach niederen Breiten ausgedehnt, als die kälteren Bedingungen der Eiszeit die im Tertiär dort heimischen Bewohner vertrieb.

Europa mit seinen ost-west streichenden Alpen und der Abgrenzung durch das Mittelmeer konnte dem Vor- und wieder Zurückwandern vieler Formen nicht so günstig sein wie das von nord-südlich streichenden Gebirgen durchzogene Amerika.

So erklärt sich auch die Erscheinung, daß die Flora von Ostasien mit der ostnordamerikanischen so große Ähnlichkeit hat, mehr als die europäische, und daß die pazifisch-amerikanische so stark abweicht.

Beim Rückzug des Eises wanderte der kälteliebende Teil der Pflanzen und Tiere dem Eisrande unmittelbar wieder nach, soweit er nicht die hohen Bergregionen einnahm (auch Schmetterlinge gehören hierher, z. B. Oeneis semidea).

Prähistorischer Mensch.

Mehrfach hat man Nachweise vom eiszeitlichen Menschen gefunden.

Auch der Mensch wanderte dem zurückweichenden Eise wieder nach, und es ist die Vermutung ausgesprochen, daß der grönländische Eskimo ein Abkömmling der präglazialen Menschen sei, deren Werkzeuge man in New Jersey, Ohio und Minnesota gefunden hat. Allerdings entsprechen die bei Trenton gefundenen Knochenreste einer anderen Rasse als den Eskimos.

Paläolithische Werkzeuge wurden zuerst 1875 bei Trenton N. J. von Abbott gefunden, in dem Kies des Delawareflusses, in der Terrasse 4 bis 6 m über dem heutigen Wasserspiegel; der Kies ist spätglazial, vom Schlusse der Eiszeit, „der Mensch lebte hier in der Periode, als sich das grönländische Klima bis zum New Yorker Hafen ausdehnte". Von den weiteren Funden paläolithischer Quarzwerkzeuge mag noch der von Little Falls in Minnesota in glazialem Terrassenschotter des Mississippi erwähnt sein, während der größte nördliche Teil Minnesotas noch mit Eis bedeckt war, zur Zeit des höchsten Wasserstandes des Lake Agassiz; die Menschen gingen wahrscheinlich vorübergehend dem rückweichenden Eise nach, als Jäger oder auf der Suche nach gutem, brauchbarem Steinmaterial im Sommer, wenn die Schmelzwasserfluten neue Gerölle über die jeweilige Bodenfläche, auf denen die Werkzeuge liegen geblieben, schütteten; nach völligem Rückzug des Eises bildete sich dann die Terrasse heraus. Die Zeit, welche seit Bildung jener Kiesablagerungen verstrichen, wird auf etwa 8000 Jahre geschätzt.

Bei Claymont am Delaware fand man 45 m über dem Meeresspiegel (außerhalb der Vereisungsgrenze) auf präglazialem Schiefer in rotem Kies paläolithische Werkzeuge, dagegen nahe der Oberfläche die neueren Flintwerkzeuge der Indianer. Unter Niederwasser fanden sich Holzkonstruktionen an der Mündung des Naamans Creek. „So zeigt das Tal des Delaware den Übergang von der paläolithischen zur neolithischen Rasse, hier unterhalb der Eisgrenze fanden Jäger Raum und Schutz in den Wäldern, welche den Rand der Eisfelder umgaben; Mastodon, Walroß, Renntier, Caribu, Bison, Moschusochs waren die Mitbewohner jener Küste."

Auch der Funde in den goldführenden Kiesen Kaliforniens muß noch gedacht werden. Die ersten Funde stammen aus dem Jahre 1863. In Kalifornien gibt es zwei verschieden alte Flußbetten; das ältere, nach seiner Fauna und Flora als pliocän oder frühest quartär angesehen, erfüllt tiefe Täler mit goldführendem Kies; darüber hat sich eine mächtige Lavadecke ergossen; die dadurch teilweise abgedämmten Gewässer haben sich neue Betten neben der Lavadecke ausgegraben und mit jüngeren (goldführenden) Schottern der postglazialen Champlainperiode erfüllt. Außer (neolithischen) Steingeräten fanden sich auch menschliche Knochenreste; berühmt ist der Calaverasschädel von Altaville[1]) aus dem Kies unter der Lavadecke. (Nicht unerwähnt dürfen aber die Bedenken bleiben, die jenem Funde gegenüber erhoben wurden bezüglich der Möglichkeit, daß er auf nicht mehr ungestörter Lagerstätte sei.)

Das arktische Amerika.

Ehe wir die quartären Verhältnisse Nordamerikas verlassen, sei noch ein Blick auf die gegenwärtigen Verhältnisse des arktischen Amerikas geworfen, weil wir hier mehrfache Belehrung über die früheren Bedingungen finden können und vielleicht auch Andeutungen über einstige auch dort herrschende Glazialverhältnisse größeren Stiles.

Die Rocky Mountains haben gegenwärtig wegen ihrer klimatischen Bedingungen fast gar keinen Gletscher, dagegen findet man solche schon auf der Sierra Nevada (allerdings wegen der scharfen Kämme ohne große Schneefelder); am weitesten nach Süden reichen sieben Gletscher östlich vom Yosemitetal in Kalifornien, jedoch nicht unter 3300 m tief.

Weiter nach Norden sind sie ausgeprägter[2]), so reicht ein großer Gletscher von der Nordseite des Mount Tacoma am Ursprung des White River bis zu 1500 m herab.

Die zahllosen Inseln der Küste nördlich von Washington zeigen alle Spuren früherer Gletscher, die zahlreichen Fjorde nehmen zum Teil Gletscherenden auf, und weiter treten Gletscher bisweilen ans Meer, zu Eisbergen Veranlassung gebend.

Lamplugh fand auf Vancouver Island eine frühere Spaltenschlucht in Diorit, von Drift erfüllt; der Felsgrund ist deutlich geschrammt und liegt jetzt 15 bis 20′ unter Hochwassermarke. Die Drift besteht oben aus typischem, oben verwittertem Block-

---

[1]) Die Abbildung des „Calaverasschädels" findet sich in der Abhandlung von Whitney, Auriferous gravels Sierra Nevada, California, Mem. Mus. comp. Zool. 6, 1. Cambridge, 1879, Taf. L, S. 267.

[2]) Siehe Russell: The existing Glaciers of the Un. States. 5. Ann. Rep. U. St. G. Surv. 1884.

lehm, der nach unten toniger und steinarm wird, mit Einlagerungen von sandigem Ton. In den unteren Partien und den Sandlinsen finden sich zahlreiche, zum Teil (besonders unten) gut erhaltene, marine Muscheln. Die Drift ist von rezentem Meeresboden mit Muscheln bedeckt. Die arktische Fauna hat große Ähnlichkeit mit der englischen (Yorkshire).

Einer intensiven Vergletscherung folgte also ein Rückzug (auf kurze Strecke) und Eindringen des Meeres mit arktischer Fauna, darauf neuer Vorstoß des Eises und Vermischung des Seebodens mit seinem Detritus.

Auch im Frasertale fand Lamplugh arktische Muscheln (in etwa 100′).

Die Gletscher des Mount Elias in Alaska sind die größten. (Karte von Alaska s. Wright l. c., S. 32.)

Während man hier viele Gletscher an das Meer herantreten sieht, scheint das Innere keine Gletscher zu haben, sondern nur Tundra[1]); an der Eschholtzbai, am Kotzebuesund, ferner im oberen Yukontal beobachtete man in zwei Terrassenabstürzen auf altem Eisboden Vegetation, die Tundra des flach zu einigen 100′ ansteigenden Inneren besteht aus fossilem Bodeneis mit Moosen, auf dem eine Vegetation existiert; in dem Bodeneis und dem Lehm fanden sich reichlich Knochen, zum Teil noch mit Fleisch, von Mammut, Bison, Moschusochse, Renntier, Pferd, Hirsch u. a., ähnlich wie in Sibirien[2]).

Wright hat am Ende des Muirgletschers, südöstlich vom Mount Elias, nachgewiesen, daß der Gletscher sich im Rückzug befindet, daß zu Vancouvers Zeit (1794) wohl noch die halbe Glacierbai vom Gletscher eingenommen war. Am südwestlichen Ende des heutigen Gletschers fand Wright das sehr Bemerkenswerte, daß von Gletscherkies und -sand ein Zedernwald begraben ist; aufrecht stehende Baumstümpfe, zum Teil umgeworfene und zerbrochene Stämme zeigen an, daß der Wald plötzlich von dem Eise bzw. seinem Gletscherbach überwältigt worden ist; der präglaziale Wald hat dieselben Bäume, die noch heute dort wachsen. Ein aus einem westlichen Seitentale kommender

---

[1]) Die Sewardhalbinsel von Alaska scheint eine allgemeine Vergletscherung nicht gehabt zu haben; nur kleine Gletscher in den Tälern der höheren Bergmassen vorhanden gewesen zu sein. In den verschiedenen Gegenden Alaskas finden sich verschieden starke Spuren einer ehemaligen größeren Vergletscherung.

[2]) Gaudry nimmt daher an, daß dort der heutigen Tundra eine Steppenzeit vorangegangen ist.

Gletscher hat den Aufstau des Hauptgletschers bewirkt, vor welchem der Wald an einer geschützten Stelle sich lange halten konnte. Ähnliches war auch an anderen Stellen zu beobachten, wo altes Torflager vom Eise überschritten ist.

Weiter konnte Wright die Erscheinung konstatieren, daß der Gletscher zuweilen auch über seinen Sanduntergrund gehen kann, ohne denselben im geringsten in seiner ursprünglichen Lagerung zu stören.

Einer weiteren Beobachtung muß noch gedacht werden, die von allgemeiner Bedeutung ist:

Die Moränen, welche die Gletscheroberfläche an der Icy Bay (Mount Elias) überdecken, tragen ausgedehnte, dichte Wälder und Unterholz von Balsamfichten, Kiefern, Birken, Erlen, Weiden, Ahorn, Heidelbeere u. a. Der Wald kommt wegen der langsamen Bewegung des Eises auf ihm und seiner Moräne selbst fort.

Auch die Seitenmoränen des Agassizgletschers sind von Bäumen bedeckt. Es ist dies ein Beweis für die Behauptung, daß, wie diese heutigen Eisgebiete, auch die früher im Quartär von Inlandeis bedeckten Gebiete durchaus nicht vegetationslose Einöden waren [1]).

Die Aleuten zeigen keine Spur einer allgemeinen Vereisung.

VI. Die Polargebiete.

In den übrigen arktischen Gebieten tritt uns besonders augenfällig der Gegensatz von einst und jetzt entgegen: Grönland, Island, Spitzbergen, Grinnell-Land, die heute einen eiszeitlichen Charakter besitzen, trugen noch zur jüngeren Tertiärzeit, wie O. Heer aus den dortigen Braunkohlenlagern nachgewiesen hat, eine üppige Flora mit Platanen, Magnolien, Taxus, Pappeln, Eichen, Walnuß u. a. (Man hat bekanntlich diese Veränderung mit einer im Tertiär stattgefundenen Verschiebung des Poles zu erklären versucht.)

Grönland.

Von Nordamerika aus werfen wir noch einen Blick auf Grönland, jenes durch die verschiedenen Expeditionen [2]) gut bekannte, klassische Gebiet des „Inlandeises“.

---

[1]) Andererseits wird darauf hingewiesen, daß, nach der bisher allgemein herrschenden Ansicht eines spezifisch quartären kälteren Klimas, die dortigen Bedingungen nicht vergleichbar wären mit denen des nordeuropäischen oder nordamerikanischen Landeises.

[2]) Vgl. u. a. die Reisen von Nordenskjöld 1883, Nansen 1888, Peary 1892 und 1895, v. Drygalski 1891/93. Reiches wissenschaft-

Bis auf einen schmalen Saum am südlichen Ende und an der Westküste ist Grönland von einer kolossalen, einheitlichen Eis- und Schneemasse von flacher Wölbung überdeckt, welche aber nicht in Ruhe auflagert, sondern eine dauernde, allseitig zum Meere fließende Bewegung besitzt. Diese Bewegung konzentriert sich besonders auf die Fjorde (welche an ihren oberen Enden sämtlich an Gletschern endigen) und erreicht hier zum Teil eine Geschwindigkeit von 10 bis 15 m pro Tag (ohne Einfluß der Jahreszeit), am Jakobshavngletscher sogar von 18 m.

An der Grenze gegen das Meer hat das Eis bisweilen noch eine Höhe von 90 m über der Wasserfläche; wie tief es unter das Wasser reicht, ist nicht zu ermitteln; hier zerbricht das Eis unter donnerndem Geräusch zu den berühmten Eisbergen (es kalbt).

Die Oberfläche des Inlandeises scheint von den kleineren orographischen Zügen des von ihm verdeckten Landes unabhängig zu sein, nur in großen Zügen scheinen die allgemeinen Bodenerhebungen von Einfluß zu sein. Die Oberfläche steigt nach dem Innern an, Nansen fand im Süden eine Höhe bis 2850 m, Peary im Norden 1500 bis 2700 m. Die Mächtigkeit des Eises mag sich über den verhüllten Tälern bis zu 1800 m belaufen. Man hat das Inlandeis mit einer gewaltigen Überschwemmung verglichen, indem die verschiedenen Gletscher und Firnfelder sich dermaßen vergrößerten, daß sie seitlich zu einer einheitlichen Masse zusammentraten. Nur vereinzelt ragen aus der Eisfläche höhere, gletscherfreie Felsmassen, die sogenannten Nunatakr, hervor; auf ihnen fand sich im Norden bei 75° noch Vegetation und Tierwelt (Moschusochsen).

In den östlichen Teilen des Landes zeigt sich an den Nunatakrn ein Emporsteigen der Eismasse, im Westen dagegen eine Senkung gegen dieselben bzw. eine Trennungszone oder Schmelzkehle. Auch der Kryokonit zeigt eine andere Verteilung im Osten und Westen, indem er im Westen reichlicher vorkommt: sein Auftreten wird als ein Zeichen für ein Periode des Rückganges der Vereisung angesehen.

---

liches Material über Grönland findet sich in den verschiedenen Heften der „Meddelelser om Grönland“, Kopenhagen. Nähere Beobachtungen sind hier in Grönland angestellt worden über die Art der Bewegung des Eises (vertikal und horizontal; erstere die primäre, dabei eine aufwärts und eine abwärts gerichtete zu unterscheiden), über die Schichtung des Eises, Bänderstruktur, Spalten, Moränen (Grundmoräne, Innen-. auch wohl Randmoränen, weiter Endmoränen).

Hat der Untergrund Absturzformen, so entstehen über ihm Eiskaskaden. Auf der Oberfläche fand Nordenskjöld zahlreiche Ströme, die ihr Bett im reinen Eis ausgewaschen hatten und weiterhin in einer Spalte in die Tiefe stürzten, um den gewaltigen subglazialen Strömen Nahrung zu geben, die, schuttbeladen, am Ende hervortreten. Auch stehende Gewässer fanden sich auf der Eisoberfläche, meist als sogenannte Staub- oder Kryokonitlöcher.

Nachweise von geschrammten Felsoberflächen, Moränen, erratischen Blöcken auf den gegenwärtig eisfreien Küstengebieten zeigen, daß auch Grönland früher eine noch stärkere Vereisung gehabt hat. Bis 950 m Höhe reichen diese ehemaligen Eisspuren.

Terrassen (drei übereinander gelegene), sowie hoch liegende Meeresmuschellager zeigen des weiteren eine wiederholte Senkung und Hebung.

Island.

Zunächst ist auch für Island darauf hinzuweisen, daß auch hier erhebliche Niveauschwankungen im Quartär stattgefunden haben. Bis zu einer Höhe von 170 m hat man unter einer Bedeckung von vulkanischen Tuffen und Basalten Geschiebeton (selbst wieder auf geschrammtem Basalt ruhend) gefunden, der reich ist an Muschelschalen, und zwar hocharktischen Formen, wie auch borealen (letztere wahrscheinlich älter, einem milderen Klima als dem heutigen isländischen entsprechend). Der Yoldienton scheint in der Nähe kalbender Gletscher abgesetzt zu sein und zeigt eine frühquartäre Senkung der Küste von etwa 200 m an.

Weiter hat sich herausgestellt, daß die vulkanische Tätigkeit in Island während der ganzen Glazialperiode ununterbrochen angedauert hat, besonders energisch zu Anfang und Ende der Glazialzeit. Daher die dortige eigentümliche Bildung von „vulkanoglazialen“ Bildungen [1]) und vielfachen Wechsellagerungen von vulkanischen Tuffen, Breccien und Moränen, die ihrerseits wieder auf Lavaströmen mit geschrammter Oberfläche ruhen.

Die von Pjetursson als interglazial angesehenen vulkanischen Gebilde zwischen moränenartigen Lagern werden von v. Knebel nicht als Beweis für periodische Vergletscherungen

[1]) Die Eruptionen verursachen ein Schmelzen größerer Eismassen, der dadurch entstehende „Gletscherlauf“ bildet die vulkanoglazialen Sedimente.

betrachtet. Dagegen kommt v. Knebel an der Tatsache einer Erosionsdiskordanz zwischen den verschiedenen glazialen Produkten zu dem Schlusse, daß in Island auf die größte Vereisung noch eine oder mehrere allgemeine Eiszeiten gefolgt sind und daß in den Zwischenzeiten, während deren die Erosion kräftig wirkte, die Vergletscherung mindestens auf das heutige Maß zurückgegangen war; später erklärte v. Knebel, daß es zum mindesten eine Interglazialzeit gab, in welcher ganz Island eisfrei geworden ist. Thoroddsen [1]) glaubt allerdings nicht an Interglazialzeiten in Island, wogegen recht erhebliche Oszillationen in der Ausbreitung der Gletscher stattgefunden hätten, so daß sich das Eis vom Tieflande zurückzog, während das Hochland die ganze Eiszeit hindurch vom Inlandeise bedeckt war.

Spitzbergen lag nach Stevenson wahrscheinlich zur jüngeren Tertiärzeit niedriger; darauf folgte eine Hebung, welche die heutige 700 Faden-Linie als Umriß des Landes markierte, so daß es vielleicht mit Franz Josephs-Land und dem Nordpol landverbunden war. Eine spätere Senkung ist durch die Fjordtäler am Seegrund und durch submarine Moränen erwiesen. Die tiefen Fjordtäler erweisen, daß früher die Niederschläge stärker waren. De Geer hat gezeigt, daß sich im Quartär zum Teil über 600 m mächtiges Landeis im östlichen Spitzbergen anhäufte, welches nach Südosten keinen genügenden Abfluß finden konnte, wahrscheinlich weil hier mächtige Packeismassen vorlagen; dadurch wurde es gezwungen, über Pässe und die Wasserscheide nach Südwesten gegen den Atlantischen Ozean abzufließen. In einer Epoche der späteren Eiszeit folgte auf die große Senkung eine Hebung, die vielleicht noch andauert. Die höchste Strandlinie der spätglazialen Senkung wurde in + 130 m gefunden. Muscheln des postglazialen Tones deuten ein milderes Klima an. Die heutigen Gletscher sind gegenüber den früheren im Rückgange (trogförmige Täler jetzt völlig eisfrei).

König Karls-Land, östlich von Spitzbergen, zeigt nach Nathorst Spuren früherer etwas ausgedehnterer Vereisung, in Gletscherschliffen und geschrammten Geschieben. Der Geschiebetransport erfolgte von Nordostspitzbergen, vermutlich mittels

---

[1]) Island. Peterm. Mitt., Ergänzungsheft 153, 1906.

Treibeis. Strandwälle deuten mehrfache Strandverschiebungen an: bis zu 25 und 60 m Höhe finden sich Treibhölzer und Muscheln eines wärmeren Charakters, welche andeuten, daß der Jetztzeit ein wärmeres Klima vorausging, welches das rasche Abschmelzen der Gletscher bedingte.

Nowaja Semlja war zur Glazialzeit von Inlandeis bedeckt; auch dort zeigte sich, daß nicht etwa eine zusammenhängende Eisdecke vom Pol ausging, sondern auch Nowaja Semlja hatte eine selbständige Vergletscherung. Später trat eine Senkung des Landes ein, der Umfang der Gletscher nahm im Norden sehr ab, und der Süden wurde ganz eisfrei. Gegenwärtig macht sich der entgegengesetzte Vorgang bemerklich: Nowaja Semlja hebt sich, seine Firnfelder und Gletscher wachsen. Die Niveauschwankungen sind nach den Beobachtungen Feildens erwiesen durch gehobene Strandlinien, Terrassen, sowie den Umstand, daß der Geschiebelehm oft zahlreiche Muscheln führt.

VII. Die Eiszeit auf den übrigen Kontinenten.

Vgl. die Karte in Berghaus' Physikal. Atlas 5, 5.

Asien.

Vom Ural kamen Gletscher bis zum 63. Grad n. Br. in das Obtal.

Sibirien.

Eine Gliederung des asiatischen Diluviums ist wegen Mangels an interglazialen Bildungen schwierig. Bemerkenswert sind die Nachweise von früherer größerer Meeresausdehnung, sowie die Bildungen des Bodeneises oder Steineises mit ihren Mammutresten.

Im nordwestlichen Sibirien zeigen Tone mit arktischen Muschelresten, daß sich im Jenisseitale, südlich bis zum 67. Grad n. Br. das Meer ausdehnte (nicht aber im östlichen Sibirien). Tscherski nimmt zwei Abteilungen an:

Untere Abteilung: arktische Muscheln im Norden, lakustrine und fluviatile Bildungen in den Niederungen, Gletscheranhäufungen in den Bergen.

Obere Abteilung: lakustrine und fluviatile Bildungen Nordsibiriens, über den marinen Bildungen, Eisformation der Liakov-Inseln (Steineis).

Geikie parallelisierte dagegen die arktischen Muschellager Nordsibiriens mit dem schwedischen spätglazialen Yoldienton.

Im mittleren Sibirien wurde ein glazialer Stausee gefunden, der durch einen als Stirnmoräne gedeuteten Damm zurückgehalten wurde. (Über die Quartärablagerungen Westsibiriens gibt Wyssotzki eine kurze Übersicht im Annuaire géol. Russie 2, 3, 43).

Im Steineis an der Gyda fand man das Mammut und Zwergbirken usw. und kräftige Baumstämme, die in der heutigen dortigen Tundra nicht mehr gedeihen (nach Tscherski war sonach das Klima damals wärmer als heute). Dieselben Steineismassen hat man weiter nach NO bis zur Behringstraße gefunden, mit Mammut in guter Erhaltung (auch dort über marinen Schichten).

Die nordasiatische Fauna zeigt wie die europäische Wanderungen an (einzelne europäische Tierformen sind niemals nach Asien eingewandert, so Elephas antiquus und meridionalis, Hippopotamus; Höhlenhyäne ist nur aus dem Altai bekannt).

Bei Irkutsk sind auch menschliche Reste (des Solutréen) zusammen mit Mammut u. a. gefunden; bei Tomsk fand man 3,5 m unter der Oberfläche ein Mammutskelet, dessen Fleisch vom Menschen verzehrt worden ist, paläolithische Werkzeuge lagen mit den angebrannten Knochen auf einer Kohlenschicht.

Geikie parallelisiert die Süßwasserablagerungen Sibiriens mit den gleichen postglazialen Europas, die einer Tundrazeit entsprachen, bis darauf bessere Klimaverhältnisse eintraten, die sogar eine weiter nördliche Verbreitung der Wälder als gegenwärtig ermöglichte. Diese strengen Klimaverhältnisse verursachten, ähnlich wie in Alaska, die Schneetreiben usw., welche zum Teil das tote Eis lieferten; in der folgenden milderen Zeit schmolzen die Schneemassen und bildete sich die „Eisformation“; eine Tundravegetation entwickelte sich darauf, die im Sommer von Mammut und Rhinoceros, Pferden, Bison und Wapititiherden besucht wurde, die dann in dem Boden verunglückten bzw. in Winterstürmen umkamen.

Mammut und Rhinoceros lebten also in Sibirien länger als in Europa; sie starben zugleich mit den Wäldern aus in der Zeit des letzten europäischen Glazials, jedenfalls vor Eintritt des neolithischen Menschen.

Der Thianschan hat nach Severtsof deutliche Endmoränen in einer Höhe von 750 m; ebenso waren die Täler des Altai von Gletschern erfüllt. Die Gebirge, welche Ostsibirien begrenzen, scheinen auch alte Gletscher gehabt zu haben: südwestlich von Olekminsk fanden sich Moränen und Blöcke in 510 m

Höhe, das seenreiche Vitimplateau, südöstlich vom Baikal, zeigt Schrammen und Findlinge, weiter nach NO sind in den Stanovoibergen Moränen und zahllose Seen Beweise für eine Vergletscherung.

Der Himalaja war nach den Forschungen von Medlicott und Blanford im Quartär stärker vergletschert: Alte Moränen in den Tälern des Sikkim und Ost-Nepaul bis zur Höhe von 2000 bis 2400 m, in den Nagahügeln bis 1500 m, erratische Blöcke bis zu 900 m und noch tiefer im oberen Punjab. Das Sindtal war von einem 65 km langen Gletscher erfüllt. Dabei macht sich, ebenso wie heute, eine Vergrößerung der glazialen Verhältnisse in der Richtung von Ost nach West bemerkbar.

Von Tibet sind keine sicheren Anzeichen bekannt, doch ist es möglich, daß die größten Höhen auch Schneefelder trugen.

Im östlichen Turkestan hat Romanowski Beobachtungen gemacht, die vielleicht auf eine ehemalige geringe Vergletscherung schließen lassen können.

Die Suma-Hada-Kette, westlich von Kalgan in China, zeigt deutliche Glazialspuren, und ebenso weiter im Norden die Gebiete der Amurmündung und die Grenzgebirge zwischen Mandschurei und Korea.

Die Gebirge von Trapezunt und Erzerum hatten ehedem große Gletscher, deren Moränen im Choroktale vorliegen.

Auch der Ararat hatte früher größere Vergletscherung, wie es Moränen und Gletscherschliffe unterhalb der heutigen Gletschergrenze erweisen. (Vom Demavend ist es nicht bekannt, ob er größere Vereisung hatte.)

Der Libanon besitzt Moränen in der Höhe von 1200 m; im Libanon hat Fraas auch Höhlen gefunden mit Knochen der Hyäne, des Bären und Rhinoceros.

In den Höhlen Syriens kennt man aus der prähistorischen Fauna eine Anzahl dort ausgestorbener Formen, Säugetiere, welche Zeitgenossen des Menschen waren und auf ehemaligen Waldreichtum und kälteres Klima hinweisen.

Mehrere Terrassen am Toten Meer (deren höchste 1300 Fuß über dem Spiegel des Sees, am Jordan 750 Fuß), Deltabildungen, Süßwassermuscheln in den mächtigen Sedimenten, Kalktuff auf den Terrassen, an niederen Stellen Salz und Gips auf Sanden in 600 Fuß Höhe lehren, daß das Tote Meer einmal ein großer Süßwassersee war und auch hier zwei Perioden der Feuchtigkeit herrschten, getrennt durch eine Trockenperiode (während der das Salz abgesetzt wurde). Senkungen des Bodens und nachfolgende klimatische Oszillationen, am Fuße des Libanon Bildung von Moränen fielen nach Russell wahrscheinlich in die Zeit, als das Tote Meer der große Süßwassersee war.

Bemerkenswert ist die große Analogie mit den Verhältnissen des Great Basin Nordamerikas (s. o.).

Auch am Sinai fand man Moränen, doch sind diese Funde z. B. von Hull angezweifelt.

Von Interesse ist der Nachweis von großen Seen in Asien, begründet in dem Vorkommen von lakustrinen Muschelablagerungen und Terrassen (z. B. am Baikal 180 m über dem jetzigen Spiegel); auch der Han-Hai im östlichen Turkestan war ein riesiger, in der Tertiärzeit vom Pazifischen Ozean abgeschnittener See, der erst nach dem Quartär zu einem Salzsee austrocknete.

Mächtige Lößmassen und -Terrassen begrenzen die Abhänge der Gebirge von Turkestan und Sibirien bis zum 54. Grad n. Br., mit Mammut, Rhinoceros, Landschnecken u. a. Im nördlichen China ist dieselbe Ablagerung in größtem Stil vorhanden, bis zu 2400 m Höhe reichend. Der asiatische Löß ist nach v. Richthofen eine Steppenbildung; sein Material ist vielleicht fluvioglazialen Ursprungs.

Afrika.

Im Großen Atlas sind End- und Seitenmoränen nachgewiesen, sogar geschrammte Steine und polierte Felsoberflächen; auf der nördlichen wie südlichen Seite des Gebirges ist somit bis auf die Höhe von etwa 1800 m die einstige Vergletscherung erwiesen.

Am Fuße des Atlas findet man in Algier altquartäre Lehme und Sande, welche einer damaligen größeren Niederschlagsmenge entsprechen. (Vielleicht bestand in jener Epoche Landverbindung zwischen Afrika und Europa, über Malta und Sizilien.)

In der Sahara sind frühere Flußläufe nachzuweisen, auch Kalktuff mit Eichenblättern, bis 270 m Höhe vielleicht auch Landseen.

Da dieselbe Klimaänderung auch in Syrien und Palästina nachweisbar ist, auch hier größere Regenmengen, entsprechend der Pluvialperiode, so ergibt sich, daß die Umgebung des Mittelmeeres früher besser bewässert war; diese feuchten Bedingungen reichten bis ins tropische Afrika (Tschadsee).

Blanckenhorn gibt folgende Geschichte des Nilstromes (Zeitschrift d. Ges. f. Erdk., Berlin 1902): Nachdem der Nil in der Tertiärzeit mehr westlich seinen Lauf gehabt, hat er erst im Diluvium seinen heutigen Lauf erhalten. Ein Einbruch bildete einen „Graben", mit einer Meerestransgression zu mittlerer Pliocänzeit. Im jüngsten Pliocän, bzw. der ersten Eiszeit, der sog. Pluvialperiode, der regenreichen Übergangszeit, folgte die sog. Melanopsisstufe (mit der jetzt aus Ägypten verschwundenen Süßwasserschnecke); die vermehrten Niederschläge sammelten sich in der neugeschaffenen Rinne des Nilgrabens und bedingten ein Ästuar bei Kairo, welches sich oberhalb in einen Süßwassersee fortsetzte (dadurch lag eine Ähnlichkeit mit dem Jordantal vor, nur daß der große Nilsee zum Meere Abfluß hatte). Wasserreiche Seitenflüsse lagerten an den Rändern Schotterkegel ab, am Seegrund bildete sich Kalktuff und Kalkoolith.

Nach der Pluvialperiode folgte eine Trockenperiode (erstes oder zweites Interglazial?) und erscheint der Nil zuerst in seinem heutigen Tal; seit dieser (mitteldiluvialen?) Zeit haben sich längs seiner Ufer Terrassen gebildet (meist nur eine deutlich ausgeprägt, die untere, jüngere geht allmählich in das Alluvium über), ihre Schichten enthalten Konchylien und zuweilen auch Säugetierknochen.

Eine Parallelisierung mit dem europäischen Diluvium ist sehr schwer. Wenn man drei Eiszeiten annimmt, so könnte die erste mit dem Melanopsiskies und den höchstgelegenen Uadischottern parallelisiert werden (Deckenschotter); die Hoch- und Niederterrasse würde der zweiten und dritten Eiszeit entsprechen; doch bemerkt Blanckenhorn, daß das Klima der dritten Eiszeit in Ägypten dem heutigen ungleich näher stand als im nördlichen Europa: „Seit dem Ende der zweiten, noch niederschlagsreichen Eiszeit ging das Klima bereits ohne erhebliche Oszillation allmählich in das heutige Wüstenklima über."

In den Schottern der Hochterrasse fand Blanckenhorn zahlreiche paläolithische [zum Teil auch eolithische] Steingeräte, deren Ursprung in Werkstätten auf dem eocänen Plateau zu suchen ist. Bei der Annahme, daß diese Schotter dem ersten Interglazial (Mosbacher Sande) gleich zu stellen, gelangt Blanckenhorn zu dem Ergebnis, daß der älteste Mensch in Ägypten auf den Plateaus lebte, nicht im Niltal selbst, welches noch teils von reißenden Wasserfluten, teils von Urwald und Sumpfdickicht erfüllt war; erst mit dem Sinken des Nilwasserstandes während der heißen und trockenen zweiten Interglazialzeit und während der dritten Eiszeit rückte der Mensch in das Tal vor und verlegte seine Kieselwerkstätten teilweise auf die trocken gelegte, geröllreiche Hauptterrasse (spätpaläolithische Epoche). „Als in Europa die dritte größere Gletscherausdehnung zu Ende ging und namentlich ein für den Menschen erträgliches und förderliches Klima anbrach, konnten die Bewohner Ägyptens bereits auf einige Jahrtausende fortschreitender Kultur zurückblicken".

An dem (unter dem Äquator gelegenen) Kenya und am Ruwenzori, sowie am Kibo (Kilimandscharo) sind Anzeichen einer starken Vergletscherung gefunden; die Eisgrenze reichte am Kibo mindestens 600 m tiefer als heute (bis 3700 m) herab.

In Südafrika hat Stow in den Gebirgen von Kahlamba Felsschliffe, Geschiebelehm und Findlinge gefunden.

Südamerika.

In Südamerika sind von Patagonien, dem Feuerland und Chile großartige Überreste einer quartären Eiszeit bekannt; im Süden von Patagonien sind Geschiebelehm, geschrammte Felsflächen weit verbreitet; nach Darwin und Agassiz war das Land bis zum 37. Grad s. Br. vergletschert; nördlich davon erreichten die Gletscher nicht mehr die See, aber große Eisströme waren doch noch in den chilenischen Alpentälern fast bis Aconcagua. Spuren von Gletschern fanden sich am Titicacasee in den bolivischen Anden (Illimani) und im El Altar, 2° s. Br.; weiter nördlich bei Cocui in Columbia, St. Marta. In Venezuela und N. Columbien wurden in der Sierra de Santa Marta (11° n. Br.) Gletscherspuren gefunden.

Nach Hauthal lassen sich in Patagonien drei Eiszeiten unterscheiden, deren erste die bedeutendste war. Die Verbreitung von Wasser und Land muß damals eine andere gewesen sein (es war mehr Land vorhanden; die Magelhaenstraße ist wohl erst nach der zweiten Eiszeit entstanden). Während der ersten und zweiten drangen Eismassen aus der antarktischen Region über das jetzige Feuerland bis etwa zum 50. Grad s. Br. vor. Jetzt befinden sich die patagonischen und feuerländischen Gletscher in starkem Rückzuge.

Auch in den Gebirgen der Provinz Buenos Aires waren lokale Gletscher, so sind Spuren in der Sierra de la Ventana und weiter nördlich[1]); am Anconquija, an der Famatina, wo jetzt keine Gletscher vorkommen, fand Hauthal Spuren einer bis 2000 m herabreichenden Vergletscherung.

In dem Pampaslehm, der sich auf die tertiäre Pampasformation auflagert, finden wir neben Lama, Tapir, Pferd und Mastodon die merkwürdigen, ausgestorbenen Riesentiere, wie Magatherium, Mylodon, das vom Menschen vielleicht als Haustier benutzte Glyptodon mit seinem knöchernen Rückenpanzer u. a.

---

[1]) Manche sogenannte roches moutonnées Brasiliens sind wohl Verwitterungsformen.

Australien.

In Australien wurden im Jahre 1884 im Mitta-Mitta-Tal, Neusüdwales, Rundhöcker von Stirling entdeckt, später sichere Nachweise durch Lendenfeld aus den australischen Alpen erbracht, wo bis zur Höhe von 1000 m quartäre Gletscher nachgewiesen wurden durch Rundhöcker, Gletscherschrammen, erratische Blöcke und Moränen. Auch die Adelaideberge (35° s. Br.) haben bis nahe an die Meeresoberfläche lokale Gletscher ausgesandt (die gerundeten Bergformen werden von anderen als Produkte von östlicher antarktischer Eisdrift angesehen, während später Jack einen nord—südlichen Weg nachwies, also von den Bergen her). Breite Alluvialterrassen und Sand- und Kiesebenen, mit Blöcken sprechen für vormalige größere Niederschlagsmengen; große Blöcke im Murraytale werden durch Eisschollen verfrachtet sein.

In den alpinen Tälern West-Tasmaniens sind wohlausgeprägte Anzeichen von Vergletscherung bekannt (geschrammte Oberflächen, Rundhöcker, Moränen, große Geschiebe, glazialerodierte Seen); die Gletscher reichten wahrscheinlich aus dem westlichen Hochland und den zentralen Plateaus bis 600 m über dem Meere. Auch in Tasmania finden sich Kies und Schotter (Eskerdrift), sowie Terrassen, welche die „Pluvialperiode“ anzeigen.

Neuseeland: Die heutigen Gletscher sind gewissermaßen die kleinen Nachkommen der viel größeren quartären. Man fand mächtige Endmoränen 80 bis 95 km weit vom Kamme des Gebirges, oft Seen abschnürend (Tekapo, Pukaki, Ohau). Fjorde an der Westseite und Seen in den Tälern des Ostens sind Anzeichen der früheren Vergletscherung; alle diese tiefen Fjorde waren früher von Gletschern erfüllt, wie die geschrammten Felsen zeigen; im Milfordsund reichen diese Anzeichen bis 960 m Höhe.

Hutton und Park meinen, daß diese großartige Vergletscherung schon vor der Quartärzeit stattgefunden habe, weil ihre Hinterlassenschaften nicht so frisch erhalten seien wie die europäischen; wahrscheinlich war auch dort das Land höher als gegenwärtig, darauf muß eine große Senkung eingetreten sein (gehobene Strandlinien, versunkene Wälder, marine Muschellager hoch über dem heutigen Spiegel); das Klima war feuchter: in dem jetzt trockenen Inneren wuchsen Wälder, Massenanhäufungen von Knochen von Moas u. a. finden sich in den Schottern.

Kerguelens-Land, welches im Inneren heute große Gletscher trägt, war nach Ermittelung der Challenger-Expedition früher ganz unter Eis; ähnlich kommen in Süd-Georgia alte Moränen vor.

Die Falklandsinseln scheinen ebenfalls ähnliche Verhältnisse gehabt zu haben, mit ihren „Steinflüssen“, mit großen, nicht abgerollten Blöcken; Geikie hält sie für „rubble drift“.

Über die antarktischen Eisverhältnisse berichtet Arctowski, daß Grundmoränen verschiedenartiger Gesteine eine frühere Zeit allgemeiner Vereisung der Gegend des Grahamlandes annehmen lassen; Terrassen im anstehenden Fels werden als Bildungen verschiedener Etappen der Gletscherausdehnung gedeutet.

Nachtrag zu S. 15 betreffend „Grundmoräne“.

Über die Bedeutung der Grundmoräne mag noch etwas ausführlicher auf folgendes hingewiesen werden.

Martin betonte, daß die Grundmoräne nicht, wie sonst angenommen, als solche von dem Eis verfrachtet wurde, sondern erst in den peripheren Teilen desselben aus der Innenmoräne entstanden ist. Die Grundmoräne ist nach Drygalski „eine Packung von Steinen, Grand, Sand und Schlick, in welcher die Schichtung fast vollkommen dadurch verloren gegangen ist, daß das Eismaterial immer mehr zusammenschwand und nur den Inhalt zurückließ“.

Weiter mag folgendes nochmals betont sein. Die nicht selten zu beobachtende Verzahnung von Moräne mit Sedimenten und der seitliche Übergang von echter (Grund-) Moräne in Sedimente zeigen, daß nicht jede kleine Bank von Geschiebemergel einem Normalglazial zu entsprechen braucht. Ein solcher Geschiebemergel kann wohl zum Teil auch durch Eisschlammwässer gebildet sein.

Ferner sieht man nicht selten (auch in Sandrgebieten) auf wohlgeschichteten Sanden eine Bedeckung von „Geschiebesand“, d. i. ungeschichtetem, größere Blöcke führendem Sand und Kies. Dieser wird oft als Äquivalent der Moräne angesprochen (Ausschlemmprodukt, Rückstand, Innenmoräne). Diese Decke kann auch sekundär entstanden sein (unter Mitwirkung von Sickerwasser, Tier- und Pflanzenarbeit seine Schichtung verloren haben und an Steinen angereichert sein), oder auch als letztes Produkt der Schlammwässer (und Eisschollen) gewissermaßen als Abschaum auf den regelmäßig gelagerten Schichten abgesetzt sein.

FSC
www.fsc.org
MIX
Papier | Fördert gute Waldnutzung
FSC® C083411

Kolibri 360 GmbH
Ferdinand-Jühlke-Straße 7
99095 Erfurt, Deutschland
produktsicherheit@kolibri360.de